四川省示范性高职院校重点培育建设单位项目成果
地方畜禽优良品种生产实用技术丛书

旧院黑鸡
生产技术与综合实训

总主编　孙玉龙
主　编　杨　磊　邓希海　罗正伟

西南交通大学出版社
·成都·

图书在版编目（CIP）数据

旧院黑鸡生产技术与综合实训 / 孙玉龙总主编；杨磊，邓希海，罗正伟主编. —成都：西南交通大学出版社，2016.7
（地方畜禽优良品种生产实用技术）
ISBN 978-7-5643-4691-1

Ⅰ. ①旧… Ⅱ. ①孙… ②杨… ③邓… ④罗… Ⅲ. ①鸡 – 饲养管理 – 高等职业教育 – 教材 Ⅳ. ①S831.4

中国版本图书馆 CIP 数据核字（2016）第 103774 号

地方畜禽优良品种生产实用技术

旧院黑鸡生产技术与综合实训

总主编 孙玉龙
主　编 杨　磊　邓希海　罗正伟

责 任 编 辑	张宝华	
封 面 设 计	墨创文化	
出 版 发 行	西南交通大学出版社 （四川省成都市二环路北一段 111 号 西南交通大学创新大厦 21 楼）	
发行部电话	028-87600564　028-87600533	
邮 政 编 码	610031	
网　　　址	http://www.xnjdcbs.com	
印　　　刷	四川煤田地质制图印刷厂	
成 品 尺 寸	185 mm × 260 mm	
印　　　张	8.25	
字　　　数	146 千	
版　　　次	2016 年 7 月第 1 版	
印　　　次	2016 年 7 月第 1 次	
书　　　号	ISBN 978-7-5643-4691-1	
定　　　价	29.50 元	

课件咨询电话：028-87600533
图书如有印装质量问题　本社负责退换
版权所有　盗版必究　举报电话：028-87600562

《旧院黑鸡生产技术与综合实训》
编委会

主　审	蒋　伟	达州职业技术学院
	杨大荣	达州职业技术学院
总主编	孙玉龙	达州职业技术学院
主　编	杨　磊	达州职业技术学院
	邓希海	达州职业技术学院
	罗正伟	万源市农业局
副主编	潘大兵	达州职业技术学院
	陈　尧	达州职业技术学院
	何　博	达州职业技术学院
	龙学军	达州职业技术学院
编　委	胡　渠	万源市农业局
	刘晓岗	万源市农业局
	张树周	万源市农业局
	唐存雄	达州职业技术学院
	张　婷	达州职业技术学院
	李　平	达州职业技术学院
	周家炳	达州职业技术学院
	刘小可	达州职业技术学院
	王　勤	达州职业技术学院
	郑淑容	达州职业技术学院
	张志丹	达州职业技术学院
	杨朝莉	达州职业技术学院

前　言

在职业教育改革的实践中，为了走特色发展之路，更好地服务于地方经济社会，也为了使地方畜禽优良品种的生产技术进教材、进课堂，作者特编写了地方畜禽优良品种生产实用技术丛书，它对于掌握地方畜禽优良品种生产的技术与推广都具有十分重要的意义。

畜牧兽医不仅在现代农业经济发展中具有重要地位，而且在畜禽疾病与人类安全方面也有着密切的关系，因此，现代畜牧兽医人才的培养已迫在眉睫。本套实用技术丛书紧紧围绕这一特定目标，结合现代农业经济发展和特色养殖的人才与技术的实际需要，组织政、行、校、企各方面的专家学者，坚持理论与实践相结合，以"够用""实用"为原则，合作开发了《旧院黑鸡生产技术与综合实训》校本教材，以使学生和从业人员通过本书的学习，能够掌握地方畜禽优良品种旧院黑鸡的生产技术，进而成为地方畜禽优良品种生产的技术人才。

《旧院黑鸡生产技术与综合实训》教材，共分为两篇，其中第一篇含有五个项目，若干个任务；第二篇为综合实训。本教材针对旧院黑鸡生产工作岗位必须完成的工作任务设计模块项目内容，以行业企业生产过程为依据确定教材的框架结构，以培养学生旧院黑鸡生产岗位能力为重点，以"够用""实用"为原则，将相关的理论与实践任务有机融合，努力实现教材内容设计与职业岗位能力需求的统一。

在教材编写过程中，作者参阅了国内众多学者的著作和论文，在此表示诚挚的谢意。由于编者水平所限，编写时间仓促，书中难免存在不足之处，敬请同仁和广大读者提出宝贵意见，以便今后做进一步修改和补充。

编　者

2015 年 5 月

目　录

第一篇　旧院黑鸡生产技术

项目一　旧院黑鸡的起源与生理特征 ·· 3
　　任务一　旧院黑鸡的起源与生理特征 ·· 3

项目二　养殖场的规划设计 ·· 10
　　任务一　旧院黑鸡养殖场筹建程序 ··· 10
　　任务二　旧院黑鸡养殖场的设计 ·· 12

项目三　旧院黑鸡的繁殖 ·· 26
　　任务一　旧院黑鸡的繁殖与产蛋规律 ······································ 26
　　任务二　旧院黑鸡的种蛋孵化 ·· 29

项目四　旧院黑鸡的饲养管理 ··· 45
　　任务一　旧院黑鸡的饲养方式和特殊管理 ································· 45
　　任务二　旧院黑鸡育雏期饲养管理工艺流程 ···························· 47
　　任务三　种鸡的饲养管理工艺 ·· 63
　　任务四　商品鸡的饲养管理 ··· 65
　　任务五　旧院黑鸡产蛋高峰期饲养管理 ··································· 67
　　任务六　旧院黑鸡的饲料 ·· 69

项目五　旧院黑鸡常见病的防治 ··· 73
　　任务一　旧院黑鸡疾病防控方针 ··· 73
　　任务二　旧院黑鸡常见疾病防治 ··· 79

第二篇　旧院黑鸡生产综合实例

实训一　鸡外貌部位的识别 …………………………………………………… 102

实训二　鸡的外貌选择法 ……………………………………………………… 105

实训三　蛋的构造和品质鉴定 ………………………………………………… 106

实训四　种蛋的选择、消毒和保存 …………………………………………… 108

实训五　鸡的孵化技术 ………………………………………………………… 109

实训六　鸡胚胎发育观察 ……………………………………………………… 110

实训七　初生雏禽的分级与雌雄鉴别 ………………………………………… 113

实训八　鸡的人工授精 ………………………………………………………… 114

实训九　鸡的屠宰测定和体内器官的观察 …………………………………… 115

实训十　鸡的免疫接种 ………………………………………………………… 118

实训十一　鸡尸体剖检技术 …………………………………………………… 119

实训十二　禽流感的实验室诊断 ……………………………………………… 120

实训十三　鸡白痢血清学的检疫 ……………………………………………… 121

实训十四　大肠杆菌药敏试验（选作） ……………………………………… 122

实训十五　鸡寄生虫病的诊断 ………………………………………………… 123

参考文献 ……………………………………………………………………… 124

第一篇

旧院黑鸡生产技术

项目一 旧院黑鸡的起源与生理特征

【学习目标】

1. 了解旧院黑鸡的起源和品种优势;
2. 掌握旧院黑鸡的生理特征及利用方向。

【知识储备】

任务一 旧院黑鸡的起源与生理特征

旧院黑鸡属世界稀有、中国独有、万源唯有的地方禽优良品种。1963年被中国科学院西南综合考察组发现,主产于万源市旧院片区,故命名为"旧院黑鸡",至今已有100多年的饲养历史。1982年被定为四川省地方优良品种,并列入《四川省旧院黑鸡品种志》。1997年被载入《中国农业文库》,2003年被编入《中国旧院黑鸡地方品种资源图谱》,属于国内稀有珍贵鸡种。2005年旧院黑鸡无公害生产基地申报成功,2006年10月"万源旧院黑鸡(蛋)"产地证明商标被国家工商总局商标局核准注册,2007年12月旧院黑鸡(蛋)成功申报为有机产品。2009年1月19日,旧院黑鸡被省政府新闻办、省农办评为"天府十宝"。

旧院黑鸡产于万源市旧院镇方圆几十平方公里,被中国科学院评价为:"世界稀有,中国独有,万源特有",素有生命之源绿色食品之美称。此鸡皮、毛乌黑,含人体所需的蛋白质、钙、磷、铁、锌、硒,各种维生素及不饱和脂肪酸。公鸡温补阳气,母鸡适益阴血。旧院黑鸡经精心烹饪,其肉嫩色香,自然流浸心田,即美食也!

经过四川农业大学的各项检测,旧院黑鸡16种鲜样氨基酸总含量为

22.89%，风干物质样品中16种氨基酸总含量为78.22%，鲜样粗蛋白、粗脂肪含量分别为24.02%和0.84%，尤其硒的含量达0.09%/mg。检测结果表明，旧院黑鸡的氨基酸、粗蛋白、粗脂肪、钙、磷的含量均高于土鸡，而且富含硒，营养价值高，开发前景广阔。

一、旧院黑鸡的主要产地及生态条件

旧院黑鸡产于四川省万源县的旧院区、大竹区、官渡区、城果区以及毗邻的白沙工农区和城口、宣汉等县也有分布。产区属大巴山中山区，海拔（500～2 300）m，气候垂直变化大。年平均气温（14.2～15.4）℃，无霜期（196～254）d，降水量（894～1 673）mm，相对湿度64.5%～73.0%。农业生产条件差，主要农作物为玉米、马铃薯、水稻、小麦、燕麦、甘薯及其他杂粮。

二、旧院黑鸡的形成简史

旧院黑鸡的形成尚无史料可查。相传山区群众为适应山区特点，避免天敌危害，长期以来喜欢饲养黑鸡。该鸡就是在此生态条件下，经过多年的人工选择而形成的。

三、旧院黑鸡的主要种质特性

旧院黑鸡是一个优良的地方鸡种，具有个体大、早期生长快、出肉率高、蛋大、遗传性稳定、耐粗耐寒等特性，在群体中有部分鸡产蓝壳蛋。另外还有：
1. 生长较慢、性成熟较早、具有羽色；
2. 宽胸、矮脚、骨骼相对小而载肉量较多；
3. 肉嫩、骨细、脂肪分布均匀、肉味浓郁。

四、旧院黑鸡的体型外貌

旧院黑鸡个体较大，体型呈长方形，皮肤有白色和乌色两种。公鸡体型高大，豆冠公鸡体型颇似斗鸡，昂首挺胸、好斗，羽毛多数为黑红色，其梳羽、蓑羽和镰羽呈黑色，红色镶边，富有光泽。有少数是全黑色，约占20%。母鸡羽毛黑色带翠绿色光泽，少数母鸡颈羽为红色镶边的黑羽。脸部皮肤红色或紫色，喙角黑色，虹彩为橘红色；冠为单冠和豆冠两种。耳叶呈红色或紫色，胫呈黑色，无胫羽。如下图所示。

旧院黑鸡外貌特征

旧院黑鸡（母）

五、旧院黑鸡的生产性能和体重

成年公鸡约为2.61 kg，母鸡约为1.76 kg。在产肉性能上，旧院黑鸡生长速度快，6月龄公鸡达成年公鸡体重的85.05%，母鸡相应为88.64%。屠宰率：6月龄公鸡全净膛率为75.0%，胸腿肌占胴体重的37.0%；母鸡全净膛率为71.42%，胸腿肌占胴体重的39.5%。成年鸡全净膛率：公鸡为79.7%，母鸡为67.0%；胸腿肌占胴体重：公鸡为40.2%，母鸡为38.8%。产蛋性能：旧院黑鸡年产蛋平均100枚左右，平均蛋重54.6 g，最大达74 g，蛋壳浅褐色。但群体中有5%的鸡产蓝壳蛋。产蓝壳蛋并非环境造成，经试验，产蓝壳蛋鸡用产白壳蛋的京白公鸡杂交，其杂一代中有83.9%的母鸡产蓝壳蛋，研究证明蓝色蛋壳性状是遗传性状。繁殖性能：公母配种比例一般为1：(8~12)，产区种蛋受精率为95%，受精蛋孵化率为88.9%，30日龄成活率为94.2%。

六、旧院黑鸡的利用方向

旧院黑鸡外貌特征比较一致，近于肉用型鸡种，遗传性稳定。应利用早期生长快、出肉率高、蛋大等特点进行早期育肥。有部分鸡产蓝壳蛋，这种稀有经济性状，研究证明属遗传性状。应重视其稀有基因在育种上的作用。

【请你回答】

同学们，假设你的朋友有饲养旧院黑鸡的意向，他们向你咨询，并希望你能提供帮助。请问：你对旧院黑鸡的养殖前景看好吗？你了解旧院黑鸡吗？你知道旧院黑鸡在哪里引种吗？希望学习了任务一，能对你有所帮助。

【地方措施】

万源旧院黑鸡（蛋）标准管理办法（建议）

为了做大做强旧院黑鸡产业，规范旧院黑鸡（蛋）的生产经营秩序，不断扩大产业发展规模，确保产品质量，维护和提高万源旧院黑鸡（蛋）在国内外市场的信誉，保护广大生产经营者和消费者的合法权益，市委、市政府确定由万源市畜禽品种改良站向国家工商行政管理总局商标局申请注册"万源旧院黑鸡"和"万源黑鸡蛋"证明商标，通过有关部门的努力，该商标于2006年10月7日被批准注册。为了管理和使用好该商标，特制定本办法。

一、成立领导组织机构

由市政府分管领导牵头，会同市委办、市政府办、工商局、质监局、知识产权局、财政局、物价局、广播局、农办、畜牧食品局等部门，成立万源市"万源旧院黑鸡（蛋）"证明商标使用管理领导小组，负责牵头组织、领导、协调、指导我市"万源旧院黑鸡"蛋证明商标的使用管理工作，强力推进万源旧院黑鸡产业的快速健康发展。

二、成立市场监管机构

市工商局、市质监局、市知识权局和市畜禽品种改良站等单位应指定专人组成万源旧院黑鸡（蛋）产品质量监管和市场监管，严厉打击假冒伪劣产品和侵犯"万源旧院黑鸡（蛋）"证明商标权的行为，切实维护"万源旧院黑鸡（蛋）"的品牌声誉和利益，确保"万源旧院黑鸡"证明商标专用权不受侵犯。

三、证明商标使用管理办法

（一）使用条件凡符合《"万源旧院黑鸡（蛋）"证明商标使用管理规则》

中"关于万源旧院黑鸡（蛋）"证明商标使用条件的产品生产经营者，均可申请使用"万源旧院黑鸡（蛋）"证明商标。

（二）使用申请程序

1. 申请使用"万源旧院黑鸡（蛋）"证明商标的使用者应向市畜禽品种改良站递交《"万源旧院黑鸡（蛋）"证明商标使用申请书》，市畜品种改良站自收到申请人提交的申请书三十日内派人对申请人的产品地进行实地考察，并对产品进行检测，经综合审查后作出书面审核意见。

2. 符合"万源旧院黑鸡（蛋）"证明商标使用条件的，双方签订《"万源旧院黑鸡（蛋）"证明商标使用许可合同》并缴纳"旧院黑鸡（蛋）"证明商标使用管理费和一定保证金后方可使用。

3. 申请人未获准使用"万源旧院黑鸡（蛋）"证明商标的，可以自收到审核意见六十日内，向工商行政管理部门申诉，市畜禽品种改良站必须尊重工商行政管理部门的裁定意见。

4. "万源旧院黑鸡（蛋）"证明商标使用许可合同有效期为三年，到期继续使用者，需在合同有效期前三十日内向市畜禽品种改良站提交续签合同的申请，逾期不申请者，合同有效期满后不得使用该商标。

（三）被许可使用者的权利和义务

1. 权利：在其产品上或包装上使用该商标；使用"万源旧院黑鸡（蛋）"证明商标进行产品广告宣传；优先参加市畜禽品种改良站主办或协办的技术培训、贸易洽谈、信息交流等活动；对证明商标管理费使用进行监督。

2. 义务：维护"万源旧院黑鸡（蛋）"特有的品质、质量和市场信誉，保证产品质量稳定；接受市畜禽品种改良站对产品质量的不定期检测和商标使用的监督，支持质量检测、监督人员的工作；"万源旧院黑鸡（蛋）"证明商标的使用者应有专人负责证明商标的管理、使用工作，确保"万源旧院黑鸡（蛋）"证明商标标识不失控、不挪用、不流失，不得向他人转让、出售、馈赠"万源旧院黑鸡（蛋）"证明商标标识，不得许可他人使用"万源旧院黑鸡（蛋）"证明商标。

（四）证明商标的管理

1. 市畜禽品种改良站是"万源旧院黑鸡（蛋）"证明商标的管理机构，负责《"万源旧院黑鸡（蛋）"证明商标使用管理规则》的制定和实施，负责对证明商标的产品进行全方位的跟踪管理，做好产品质量的监督检测工作，并协助工商行政管理部门调查、处理侵权、假冒案件。

2. 市畜禽品种改良站与"万源旧院黑鸡（蛋）"证明商标被许可使用者签订的许可使用合同，送交四川省万源市工商行政管理局存查，并报国家工商行政管理总局商标局备案。

3. 市畜禽品种改良站为保证"万源旧院黑鸡（蛋）"证明商标许可使用工作的科学性、严肃性、公正性、权威性，诚请有关部门和社会团体进行监督，同时也接受和处理使用"万源旧院黑鸡（蛋）"证明商标消费者的投诉。

（五）证明商标的保护

市畜禽品种改良站是"万源旧院黑鸡（蛋）"证明商标的注册人，对该商标享有专用权，任何人未经许可不得使用。

1. 如有下列项之一的，均属侵犯"万源旧院黑鸡（蛋）"证明商标专用权。

1）未经市畜禽品种改良站许可，擅自在鸡（蛋）产品上及包装上使用与"万源旧院黑鸡（蛋）"证明商标相同或相类似的商标的；

2）未经市畜禽品种改良许可，擅自使用与"万源旧院黑鸡（蛋）"证明商标相同或相类似的商标进行生产、经营、餐饮等广告宣传的；

3）销售侵犯"万源旧院黑鸡（蛋）"证明商标专用权的商品的；

4）伪造、擅自制造"万源旧院黑鸡（蛋）"证明商标标识或销售伪造、擅自制造"万源旧院黑鸡（蛋）"证明商标标识的；

5）给市畜禽品种改良站的"万源旧院黑鸡（蛋）"证明商标专用权造成其他损害的。

2. 对有侵权行为的，市畜禽品种改良站将协同工商、质监、知识产权执法部门依照《中华人民共和国商标法》及有关法规、规章的规定依法查处或向人民法院起诉；对情节严重、构成犯罪的提请执法机关依法追究侵权者的刑事责任。

3."万源旧院黑鸡（蛋）"证明商标的使用者，如违反"万源旧院黑鸡（蛋）"证明商标使用管理规则规定，市畜禽品种改良站有权收回其《证明商标准用证》和已领取的证明商标标识，终止与使用者的证明商标使用许可合同，必要时将会同工商行政管理机关调查处理，或按照司法途径解决。

（六）证明商标管理费的收取及使用

使用"万源旧院黑鸡（蛋）"证明商标必须缴纳使用管理费和使用保证金。

1. 凡在旧院黑鸡（蛋）产品上或包装上使用"万源旧院黑鸡（蛋）"证明商标标识或利用"万源旧院黑鸡（蛋）"证明商标进行生产经营和餐饮等广告宣传的均要收取商标使用管理费，其收费标准在商标使用许可合同上进行约定。

2."万源旧院黑鸡（蛋）"证明商标使用管理费在财政审计和主管部门的监管下，专款专用，主要用于印制证明商标标识，检测产品，受理证明商标投诉、收集案件证据材料和宣传证明商标等工作，以保障"万源旧院黑鸡（蛋）"证明商标产品的信誉，维护消费者和使用者的合法权益。

3. 凡申请使用"万源旧院黑鸡（蛋）"证明商标的，必须缴纳商标使用保证金（3 000～10 000）元。作为使用者不履行"万源旧院黑鸡（蛋）"证明商标使用管理规则的义务，违反管理规则规定和有损万源旧院黑鸡（蛋）声誉的，市畜禽品种改良站将扣除其保证金，其保证金不足部分由使用人补足，否则，市畜禽品种改良站将取消其证明商标使用权；如使用者履行使用管理规则的义务，没有违反管理规则规定和损害万源旧院黑鸡（蛋）声誉的，市畜禽品种改良站将足额退还其保证金本金。

【职业能力训练】

一、判断题

1. 旧院黑鸡产于四川省山地丘陵地区，被中国科学院评价为"世界稀有，中国独有"，素有生命之源绿色食品之美称。（　　）

2. 旧院黑鸡是一个个体大、早期生长快、出肉率高、产部分绿壳蛋的地方优良品种。（　　）

二、选择题

1. 旧院黑鸡年产蛋平均（　　）枚左右，平均蛋重 54.6 g，最大达 74 g。
A. 100　　　　B. 150　　　　C. 190　　　　D. 220

2. 旧院黑鸡产淡褐色鸡蛋，但群体中有（　　）%左右的鸡产蓝壳蛋。
A. 5　　　　　B. 10　　　　　C. 15　　　　　D. 20

项目二 养殖场的规划设计

【学习目标】

1. 对筹建大中型旧院黑鸡养殖场的程序有所了解；
2. 掌握大中型旧院黑鸡养殖场的选址、规划、布局等。

【知识储备】

任务一 旧院黑鸡养殖场筹建程序

建设大型禽场程序性很强，一般从筹建到投产要经过一系列步骤，包括立项、可行性论证、资金筹集、方案与工程设计、工程招标、组织施工和验收等。每道程序都要报批，经有关行政管理部门确认后，才能进入下道程序，不能省略或超越。

一、建场的可行性论证

建场的可行性论证是实现科学化生产、节约建设投资及用地的一项宏观控制措施。可行性论证时主要聘请有经验的畜牧兽医等有关方面人员，根据建场的任务、规模、产品产量和今后市场需求，进行实地考察，经过充分的讨论和分析，写出可行性论证报告，并在此基础上制定详细的建场实施方案。可行性论证报告的内容包括：

1. 项目概况

包括项目名称、目的、意义、建设的条件和实现的成产目标。

2. 项目的基本建设方案

包括场址与生产规模；生产组织与管理体制；生产工艺、建场物布局和基本结构；主要机械设备；防疫与粪便、污水处理及环保分析等。

3. 投资估算与技术经济效益分析

包括投资估算；市场分析；管理与定员和技术经济分析。

4. 结　论

对项目建设的基本估价。

二、集　资

建设禽场必须筹集资金，特别是用于土建和购置设备的固定资产投入资金应该首先到位。筹建养禽场项目集资可以通过多种渠道，如企业可利用自有资金建场，还可以到银行贷款、引进资金（外资、合营、合资）或实行股份制自筹资金。目前，养鸡场逐渐向股份制方向发展，采用房舍、设备等由股东入股一次性投资建厂，流动资金由场长负责贷款解决，将每年的利润提出一定比例按股分红。这样既实现了资金集中使用，又通过董事会形式强化了股东对企业的监督与管理。

三、禽场设计

禽场设计是项目建设的技术保障，为了确保设计质量，国家规定了土建工程设计工作的程序，即初步设计、技术设计和施工图的设计。每段设计均有图纸和文字说明，并作为下道工序的依据。为了缩短设计时间，可将前两道程序合并，称为扩大初步设计，这是当前我国执行的土建工程设计程序。

四、建　设

禽场设计质量确认后，即进入组织施工和设备采购阶段。为了选择施工质量可靠、价格公道、有维修服务保证的建筑企业，应采用工程招标承包的方法，以便在建设中采用先进的施工技术、合格的建筑材料、严格的施工步骤，确保禽场工程质量。

任务二　旧院黑鸡养殖场的设计

一、场址选择及平面布局

1. 场址选择

拟建禽场根据生产任务和经营性质的不同，分为育种场、种禽繁殖场、商品禽场三级。场址选择要综合考虑，如建场任务、生产需要、国家畜牧生产总体规划、地方资源等情况。所以，在场址决定前，有必要做好自然条件和社会经济条件的调查研究。

1）自然条件

（1）地势地形。地势是指场地的高低起伏状况。地形是指场地的形状及地物，平原地区一般场地比较平坦、开阔，场址应注意选择在比周围地段稍高的地方，以利排水；在靠近河流、湖泊的地区，场地要选择在较高的地方，应比当地水文资料中最高水位高（1~2）m，山区建场应选在平缓坡上，坡面向阳，鸡场总坡度不超过25%，建筑区坡度应在2.5%以内。

（2）水源水质。首先要了解水源的情况，如河流、湖泊流量，地下水的初见水位和最高水位，含水层次、厚度和流向。水质情况包括酸碱度、硬度、透明度、有无污染源和有害化学物质等，应做水质的物理、化学和生物污染等方面的化验分析。

（3）地质土壤。主要是收集拟定场区的地质勘察资料，地层的构造状况，如有无断层、陷落、塌方及地下泥沼地层。

（4）气候因素。主要了解常年气象变化，包括平均气温，绝对最高、最低气温，土壤冻结深度，降雨量与积雪深度，最大风力，常年主导风向，日照情况等。

2）社会条件

（1）"三通条件"。指供水、电源、交通三个方面，要求水、电供应充足，交通比较便利。

（2）环境疫情。对当地疫情要做周密的调查研究，特别注意兽医站、畜牧场、集贸市场、屠宰加工厂距拟建场的距离、方位、有无自然隔离条件等，防止给本场防疫工作带来危害。

3）确定禽场位置的其他条件

如是否有利于产品销售，周围环境保护等问题，尽量利用无农耕价值地段，以节约土地。

2．禽场的平面布局

1）禽场建筑物的种类

按建筑设施的用途，鸡场建筑物共分为 5 类：① 行政管理用房，包括办公室、接待室、会议室、图书资料室、财务室、门卫室及配电、水泵、锅炉、车库、机修等用房；② 职工生活用房，包括食堂、宿舍、医务、浴室等房舍；③ 生产性用房，包括各类鸡舍、孵化室等；④ 生产辅助用房，包括料库、蛋库、兽医室、消毒更衣室等；⑤ 粪污处理设施。

2）分区规划

（1）鸡场各种房舍和设施的分区规划。

鸡场各种房舍和设施的分区规划，指根据场内地势高低和主导风向，将各种房舍和建筑设施按次序进行排列。首先考虑办公和生活场所尽量不受饲料粉尘、粪便气味和其他废弃物的污染；其次是生产鸡群的防疫卫生。为杜绝各类传染源对鸡群的危害，应依地势、风向排列各类鸡舍顺序，若地势与风向在方向上不一致，则以风向为主。因地势而使水的地面径流造成污染时，可用地下沟改变流水方向，避免污染重点鸡舍；或者利用侧风避开主风向，将要保护的鸡舍建在安全位置，免受上风向空气污染。根据拟建场地段条件，也可以用林带相隔，拉开距离使空气自然净化。对人员流动方向的改变，可建筑隔墙阻止。鸡场分区规划的总体原则是：人、鸡、污三者以人为先、污为后，风与水以风为主，参见示意图。

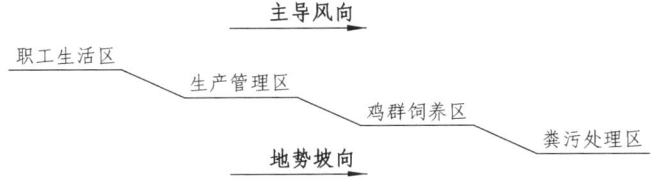

根据功能，鸡场场区可分为职工生活区、行政管理区、辅助生产区、鸡群饲养区，病鸡和粪便污水处理区；通常将职工生活区和行政管理区统称为场前区，鸡场规划先后顺序如图1所示。鸡场的分区要根据拟建场区的自然条件、地势地形、主导风向和交通道路的具体情况进行，不能生搬硬套别场

图纸，尤其是鸡场的总体平面图更不能随便引用。

（2）鸡场生产流程。

鸡场内有两条最主要的流程：一条为饲料（库）—鸡群（舍）—产品（库），这三者间的联系最频繁、劳动量最大；另外一条为饲料（库）—鸡群（舍）—粪污（场），其末端为粪污处理场。因此，饲料库、蛋库及粪场均要靠近生产区，但不能在生产区内，因为三者需与场外联系。饲料库、蛋库和粪场为相反的两个末端，因此平面位置也应是相反方向或偏角的位置。

（3）禽场道路。

道路是场区中间、建筑物与设施、场内与场外联系的纽带。场内道路应净、污分道，互不交叉，出入口分开。净道是饲料和产品的运输通道；污道为运输粪便、死鸡、淘汰鸡及废弃设备的专用道。为了保证净道不受污染，设计道路时可按梳状布置，道路末端只通鸡舍，不能与污道贯通。净道和污道以沟渠或林带相隔。

（4）禽场的绿化。总体设计时应统一规划，以美化和改善环境。

3. 生产工艺设计

1）生产环节与房舍设置

综合性鸡场各鸡群的生产工艺流程为：种鸡—种蛋—孵化—育雏—育成—蛋鸡。专业化种鸡场和蛋鸡场只有其中部分生产环节。肉鸡场多为一次育成出场，全期多采用一幢肉鸡舍。

综合性鸡场鸡群组成比较复杂，要分区规划，形成分厂或生产小区，按所饲养鸡群的经济价值和鸡群获得的免疫力有序排列。种鸡生产小区应优于商品鸡；两个小区中的育雏育成鸡又应优于成年鸡，且与成年鸡舍的间距要大。孵化室与场外联系较多，宜建在靠近厂前区的入口处，不易深入场区深处，如设分场，最好在专用道路的入口处单独建场。

（1）小区内鸡舍间距。

生产鸡群易发生疫情，其病原菌能通过流动气体所携带的微粒进行传播，威胁着相邻鸡群的安全。鸡群间距取向应与鸡舍长轴垂直，且为背风面涡旋范围的最大间距。同济大学烟风洞剖面模型的试验表明，背风面涡旋区长度与鸡舍高度（H）之比为 5:1，因此，开放型鸡舍间距应为 $5H$。当主导风向入射角为(30~60)°时，涡旋长度约缩小为 $3H$，此时对开放式鸡舍的防疫、通风更有利。对于纵向通风鸡舍，风机全部安排在同一侧山墙上，利用污道而不是舍间空地作为排风区,鸡舍间距对防疫影响不大,可以更小些,但要符合日照、防火、排污的要求,可采取（2～3）H 的鸡舍间距。

（2）机械化生产条件。

在我国目前条件下,鸡场不宜提倡高度机械化,可在生产管理中某些环节使用机械操作,以减轻人的劳动强度。常用的机械设备有供水系统、输料系统、通风系统、清粪系统等。

（3）道路管线铺设。

在保证鸡舍适宜间隔的前提下,各建筑物排列要紧凑,以缩短筑路、给排水管道和架设电线的距离,减少建设投资。

2）鸡舍设计

（1）鸡舍类型选择。

鸡舍有开放式和密闭式两种类型,它们的建筑形式不同,各有一定的特点。

① 开放式鸡舍。所谓开放式,是指舍内与舍外直接相通,可利用光、热、风等自然能源；建筑投资低,但易受外界不良气候的影响,需要投入较多的人工进行调节。有以下三种形式：

棚式,又称全敞开式鸡舍,即四周无墙壁,用网、篱笆或塑料编织物与外部隔开,由立柱或砖条支撑房顶。这种鸡舍通风效果好,但防暑、防雨、防风效果差,适于炎热地区或北方夏季使用,低温季节需封闭保温。

半敞开式,鸡舍的前墙和后墙上部是敞开的,一般敞开 1/2～2/3,敞开的面积取决于气候条件及鸡舍类型,敞开部分可以装上卷帘,高温季节便于通风,低温季节封闭保温。中国农业大学畜牧工程人员研制的一种节能式卷帘鸡舍,即在敞开部分先装上铁丝网,沿墙一侧纵向安装一整块耐用的半透明塑料编织布做的双层卷帘,或双层玻璃钢多功能通风窗,为南北两侧壁的维护结构,依靠自然通风、采光和鸡体热量,不设风机、不供暖,通过卷帘机或开窗控制通风量,调节舍温和换气量。

有窗鸡舍,鸡舍四周用围墙封闭,前后墙设有较大的窗口采光和通风,能通过调节换气量在一定程度上调节舍温。这种鸡舍是目前采用最多的类型。

② 密闭式鸡舍。这种鸡舍一般无窗,与外界隔离,层顶与四壁隔温良好,通过各种设备的控制与调节作用,使舍内小气候适宜于鸡体生理特点的需要,减少了自然界严寒、酷暑、狂风、暴雨等不利因素对鸡群的影响。但

密闭式鸡舍建筑和设备投资高,对电的依赖性很大,饲养管理技术要求高,需要慎重考虑当地的条件而选用。

(2)鸡舍结构设计。

① 鸡舍外形结构设计。

鸡舍朝向。开放式鸡舍场区排污需要借助于自然通风,利用主导风向与鸡舍长轴所形成的一定角度,获得较好的排污效果。当取主导风向入射角(30~60)°时,背风面涡旋区长度缩小,这样能以较小的鸡舍间距达到较好的排污效果。鸡舍主要窗户极可能向南或基本向南。

长度。鸡舍长度取决于设计容量,应根据每栋舍具体需要的面积与跨度来确定。大型鸡舍需要机械化生产,过短机械效率低,房舍利用也不经济,按建筑模数一般为 66 m、90 m、120 m;中小型普通鸡舍为 36 m、48 m、54 m。有关计算鸡舍长度的公式如下:

$$平养鸡舍长度 = 鸡舍面积/鸡舍跨度$$

跨度。跨度指所设计鸡舍的宽度,与鸡舍类型和舍内的设备安装方式有关。普通开放式鸡舍,跨度不宜太大,否则,舍内的采光与换气不良,一般以(6~9.5)m 为宜;采用机械通风,跨度可在(9~12)m。笼养鸡舍要根据安装列数和走道宽度来决定鸡舍的跨度。

高度。高度应根据饲养方式、笼层高度、跨度与气候条件来确定。跨度小、平养、气候不太热的地区,鸡舍不必太高,一般从地面到层檐口的高度为 2.5 m 左右;跨度大、气温高的地区,采用多层笼养,可增高到 3 m 左右。

地面。舍内地面一般要高出舍外地面 30 cm,潮湿或地下水位高的地区应高出舍外地面 50 cm 以上。表面坚固无缝隙,多采用混凝土铺平,虽造价较高,但便于清洗消毒,还能防潮保持鸡舍干燥。笼养鸡舍地面设有浅粪沟,比地面深(15~20)cm。

墙壁。鸡舍封闭程度不同,墙壁的有无、多少或厚薄也不同,应依当地气候条件和鸡舍类型而定。有墙砖砌鸡舍,墙壁应与地面一起抹上墙裙,便于冲刷消毒和隔湿;寒冷地区鸡舍,可增加墙体厚度。

窗。有窗鸡舍,窗口设置形式不一,除南北侧墙上部设面积较大的通风窗外,有的鸡舍上部设天窗,或在侧壁下部设地窗,起调节气流或辅助通风作用。利用机械负压通风时风机口是集中的排气口,窗口为进风口,其面积和位置应与风机功率大小相一致,既要避免形成穿堂风,又要使气流均匀,防止出现涡旋或无风的滞留区。

屋顶。小跨度鸡舍为单坡式，一般鸡舍常用双坡式、拱形或平顶式。由于近年来机械通风的利用，使得钟楼式、天窗式屋顶较少采用。在气温高雨量大的地区，屋顶坡度要大一些，屋顶两侧应加长房檐。屋顶最好设顶棚，其上放一层稻壳或干草以增加隔热性能。

② 鸡舍内布局。

平养鸡舍。按鸡栏排列与走道的组合有以下几种：

无走道平养鸡舍：这种鸡舍不设专门走道，舍内面积利用率高。管理鸡群时，饲养人员要进入鸡栏，不如有走道鸡舍操作方便，也不利于防疫。

单列单走道：舍内走道约1 m宽，饲养人员在走道上操作，管理方便，不经常进入栏内，有利于鸡群防疫。但走道所占鸡舍面积的比例较大，有效利用面积较低，适于跨度较小的种鸡舍采用。

双列单走道或双走道：双列单走道指鸡舍纵向的中央设走道，分别管理两侧栏全鸡群，人员操作方便，提高走道的利用率，如垫料或网上平养鸡舍多用这种形式。也可采用走道设在沿墙两侧，将两列鸡栏放在鸡舍中部，集中使用一套喂料设备，便于鸡群管理，且开窗方便。

三列二走道或四走道：舍内设置三列鸡栏，若有二列纵向沿墙排列则用两走道，舍内面积利用率高，但开放式鸡舍靠墙鸡栏易受外界气温和光照影响，夏季开窗时还易因洒落雨水弄湿垫料。还可采用三列四走道排列，走道宽度控制在（60～80）cm，否则舍内面积利用率低。

上述方式以单列式、双列式排列比较普遍。跨度较大的鸡舍采用三列式，甚至还有四列多走道排列形式。

笼养鸡舍。笼养鸡舍鸡笼的列数与平养鸡栏的形式完全相同，只是每列笼都必须在走道上操作，应留有一定宽度工作道，半架笼组为单侧道，整假笼两侧都设走道。

③ 鸡舍的建筑方式。

鸡舍的建筑方式按鸡舍组建方式可分为砌筑型和装配型两种。砌筑型常用砖瓦或其他建筑材料来建筑。近年来，已研制出适合装配型结构的鸡舍，这种鸡舍施工时间短，鸡舍构件已有专业厂家生产，建造质量也有保障。目前，适合装配型鸡舍的复合板块材料有多种，房舍面板有金属镀锌板、玻璃钢板、铝合金、耐用瓦面板。保温层有聚氨酯、聚苯乙烯等高分子发泡塑料，以及岩棉、矿渣棉、纤维材料等。

4. 鸡舍配套及面积计算

以建设一座 10 万只生产规模的蛋鸡场为例，各类鸡舍的配套和面积计算方法如下。

1）各鸡舍配套比例的计算

蛋鸡场一般采用育雏、育成、产蛋三段制饲养，需建筑三种类型的鸡舍。由于各鸡群的饲养周期不同，首先应计算出各类鸡舍的周转次数。其中蛋鸡舍每批饲养时间最长，育雏舍最短。以蛋鸡舍周转次数设为 1，育成舍、育雏舍周转次数见表 2-1。

表 2-1 各类鸡舍配套比例和利用率

舍别	饲养天数	空闲天数	合计天数	周转次数	鸡舍配套比例（合成天数/育雏周期）	鸡舍利用率（%）
蛋鸡舍	385	20	405	1	6（405/65）	95.0
育成鸡舍	95	20	115	3.5	2（115/65）	82
育雏舍	45	20	65	6.2	1（65/65）	69

注：鸡舍利用率 =（饲养天数×周转次数）/405×100%

由上表计算的各类鸡舍周转次数可以看出，三者的配套比例大致为 1 栋育雏舍：2 栋育成舍：6 栋蛋鸡舍，才能保证各类鸡群正常周转。一座 10 万只规模全程笼养的蛋鸡场，按常规经验数据，每栋笼养产蛋鸡舍容量为 8 500 只左右，可设计 12 栋鸡舍，按鸡舍配套比例，再设计 4 栋育成舍、2 栋育雏舍。

2）每栋育雏鸡舍、育成鸡舍饲养量的计算

以每栋蛋鸡舍饲养量为基本参数，采用逆向推算的办法，计算出每栋育成舍、育雏舍的饲养量。其中每栋蛋鸡饲养量用 A 表示，每栋育成舍、育雏舍母雏饲养量和每批种蛋孵化量分别用 B，C，D 表示，计算公式如下：

每栋育成舍饲养量（B）= A ÷ 育成率

每栋育雏舍饲养量（C）= B ÷（育雏成活率×合格率×雌雄鉴别准确率）

每批种蛋孵化两（D）= $2C$ ÷（受精率×孵化率×健雏率）

例 每栋蛋鸡舍容量为 8 500 只产蛋鸡，育成期鸡群的育成率 85%，育雏期成活率为 95%，合格率为 98%，鉴别准确率 95%，计算每栋育成舍、育雏舍的饲养量为：

每栋育成舍饲养量（只）＝ 8 500 ÷ 0.85 ＝ 10 000 只

每栋育雏舍饲养量（只）＝ 10 000 ÷（0.95×0.98×0.95）＝ 11 306 只

另外，还可以计算出配套的孵化量，如受精率 95%，受精蛋孵化率为 90%，健雏率为 98%，计算如下：

每批种蛋的入孵量（个）＝ 11 306×2÷（0.95×0.90×0.98）

＝ 22 612÷0.838 ＝ 26 987 个

3）各类鸡舍设备选型与鸡舍跨度、长度计算

以以上三种鸡舍每栋饲养量为依据，选用适宜的鸡笼和排列方式，进一步计算出鸡舍的跨度、长度。还应参照建筑模数作适当调整。

（1）蛋鸡舍。

设备选型及技术参数。应根据饲养的蛋鸡体型选择鸡笼规格，按每组笼所能容纳鸡的只数，算出所需的鸡笼组数。

确定鸡舍跨度。国内蛋鸡舍多采用 3 列 4 走道式排列，采用 9LJT-396 型蛋鸡笼，每列笼下宽 212 cm，走道宽一般为（60~80）cm。

鸡舍净跨度（$W_{净}$）＝鸡笼宽度×鸡笼列数＋走道宽度×走道条数

鸡舍总跨度（$W_{总}$）＝$W_{净}$＋前后墙厚度

如拟建的蛋鸡舍采用上述型号蛋鸡笼和排列方式，该舍的跨度为：

$W_{净}$ ＝ 212×3＋60×4 ＝ 876（cm）

$W_{总}$ ＝ 876＋37×2 ＝ 950（cm）

鸡舍长度计算。鸡舍长度以舍内安装的蛋鸡笼来计算。

首先算出需要安装的鸡笼组数：

每列笼组数＝每栋舍养鸡数量÷（每组笼装鸡数×笼列数）

如每栋蛋鸡舍饲养量为 8 500 只，每组笼装 96 只鸡，采用 3 列式排列，每列笼组数＝8 500÷（96×3）≈30（组）

再用笼养鸡舍长度公式，计算出该鸡舍需要的实际长度。

鸡舍净长（$L_{净}$）＝每组笼长×每列组数＋首端、末端过道＋操作间宽

如采用链板式机械喂料另加机头、机尾架长度。

如每组笼长 187 cm、首末端过道宽 350 cm，操作间宽 300 cm，若采用机械喂料另加机头尾长度 200 cm。

$$L_{净} = 187 \times 30 + 350 + 200 = 6\,460（cm）$$

$$L_{总} = 6460 + 37 \times 2 = 6\,534（cm）$$

该鸡舍实际长度为 6 534 cm，不符合建筑模数，用增加过道宽度使蛋鸡舍设计总长度调整至 6 600 cm。

（2）育成鸡舍。

育成笼选用 9QTL3.1 型，尺寸为 207 cm×198 cm×160 cm，每组笼容鸡数 144 只。

计算育成舍跨度。计算方式同蛋鸡舍。若采用三列四走道设置，走道宽为 70 cm，育成舍跨度为：

$$W_{净} = 198 \times 3 + 70 \times 4 = 874（cm）$$

$$W_{总} = W_{净} + 37 \times 2 = 948（cm）$$

（为了符合标准模数，育成舍采用 950 cm 跨度。）

育成舍长度计算。方法同蛋鸡舍。如 10 万只蛋鸡场每栋育成鸡舍饲养 10 000 只。

每列育成笼组数 = 10 000 ÷ (144×3) = 23.15 ≈ 24（组）

$$L_{净} = 207 \times 24 + 350 + 200 = 5\,818（cm）$$

$$L_{总} = 5818 + 37 \times 2 = 5\,892（cm）$$

（为了符合建筑模数，育成舍按长度 60 cm 设计。）

（3）育雏舍。

选用 9DYL-4 型电热育雏笼，外形尺寸为 455 cm×150 cm×175 cm，每组笼育雏量为 700~800 只。

育雏舍跨度。育雏笼采用单列横排，每列一笼。沿两侧墙各留一条 120 cm 过道，加上墙厚在内，育雏舍总跨度为 750 cm。

育雏舍长度计算。按公式：每栋育雏舍饲养量÷每笼育雏数，求出需要育雏笼的组数。

上述蛋鸡场每栋育雏舍饲养量为 11 306 只。育雏笼组数 = 11 300÷750 = 15.07≈15（组）。加上操作间为 300 cm，每两列笼之间留走道各为 150 cm，

$$L_{净} = 150 \times 15 + 150 \times 15 + 300 = 4\,800（cm）$$

$$L_{总} = 4\,800 + 37 \times 2 = 4874（cm）$$

（育雏舍计算长度符合建筑模数，可以此长度进行设计。）

各类鸡舍总容量见表 2-2，由结果可以看出，除育雏舍比标准饲养量少 56 只外，育成舍和蛋鸡舍符合标准需要。全场各类鸡舍存栏量为 167 652 只。

表 2-2　各类鸡舍总容量

舍别	每栋标准饲养量	每栋实际饲养量（每笼装鸡数×笼组数×列数）	鸡舍栋数	总容量
育雏舍	11 306	750×15×1 = 11 250	2	22 500
育成舍	10 000	144×24×3 = 10 368	4	41 472
蛋鸡舍	8500	96×30×3 = 8 640	12	103 680

各类鸡舍面积详见表 2-3，全场三类鸡舍建筑总面积为 10 531.5 m²。

表 2-3　各类鸡舍总面积

舍别	每栋鸡舍使用面积	饲养密度（只/m²）	每栋鸡舍建筑面积	总建筑面积	%
育雏舍	48×6.76 = 324.5	34.7	48.5×7.5 = 363.8	727.6	7
育成舍	58.18×8.76 = 508.5	20.4	60×9.5 = 570	2 280	22
蛋鸡舍	64.6×8.76 = 565.9	15.3	66×9.5 = 627	7 524	71
合　计				10 531.6	100

5．相关建筑设计

1）孵化厂

（1）孵化厂的设计要求。

孵化厂的墙壁、地面和天花板应选用防火、防潮和便于冲刷消毒的材料，孵化、出雏室内为无柱结构，便于孵化机布局及管理操作。为使各种设备进出方便，门高为 2.4 m 左右，宽（1.2~1.5）m。地面至天花板高为（3.4~3.8）m，孵化器上部要有（1.2~1.5）m 空间。屋顶应铺设保温层，天花板不致出现凝水现象。孵化室与出雏室之间应设缓冲间，不但便于孵化操作，而且有利于卫生防疫。地面用混凝土浇筑，表面要光滑、平整，以利于种蛋运输和地面冲洗消毒。地下设排水沟，并用铁篦子盖好，表面平整。

下水管道口径和坡度要稍微大些,以利于碎蛋壳和其他赃物水冲排走。供水管道安装在地下,水温低,可供给孵化器需要的冷却水。孵化厂比鸡舍对环境的要求高,不仅要调节各室的温度,还要通过排风路线控制各室内的空气压力。可阻止室间的交叉感染。

(2)各室的布局与孵化工艺流程。

小型孵化厂可按"种蛋→雏鸡"成长条形布局。大型孵化厂应以孵化室、出雏室为中心,可采取T形布置,这样可以减少运输距离和人员在各室的往来。大型孵化厂包括种蛋消毒室、种蛋处理室、储藏室、孵化机室、出雏机室、雏鸡鉴别分级室、待运室、洗涤室、维修室、洗澡更衣室和办公室等。各室的布局必须做到人员、种蛋、设备的单向流动,遵循"种蛋储存→种蛋处置(分级、码盘消毒等)→入孵→落盘→出雏→雏鸡处置(分级、鉴别、接种等)→雏鸡包装、外运一系列生产流程,不得逆转"的卫生防疫原则。

2)其他生产用房

除鸡舍外其他生产用房还很多,生活区住房按居室标准设计,生产辅助用房符合生产工艺要求。

(1)料库、蛋库。

这两种用房要靠近生产区,房舍面积与生产规模要配套,使用料塔时不建料库。

(2)污物处理场地。

污物存放场地应设在远离生产场的下风区,并有污物处理装置。一些鸡场把污物处理和综合利用相结合,开发废弃物无害化利用。如鸡粪的发酵、干燥,经高压膨化作饲料,污水经沉淀氧化或制作沼气使用等。

6. 建场投资预算

建设养鸡场主要包括基本建设投资和设备投资两部分。

1)基本建设投资

基本建设投资,简称基建投资,指用于建设鸡舍、孵化厂、生产附属用房、办公及生活用房等费用。这类建筑投资的预算,先按建场规模计算出所需的总投资,为筹集资金及资金的投入、回收和利率评估提供依据。

以筹建10万只生产规模蛋鸡场为例，其基建投资情况见表2-4。

表2-4　10万只生产规模蛋鸡场基建投资计划

投资项目	单位名称或单位符号	单价（元）	面积或数量	金额（万元）
蛋鸡舍	m²	280	7524	210.7
育成鸡舍	m²	280	2280	63.8
育雏舍	m²	310	727.5	22.6
商品蛋库	m²	300	60	1.8
饲料加工车间	m²	280	350	9.8
材料仓库	m²	260	200	5.2
汽车房	m²	270	80	2.2
兽医室	m²	360	60	2.2
营养分析室	m²	360	60	2.2
机修车间	m²	270	80	2.2
变电所	m²	290	80	2.3
锅炉房	m²	320	100	3.2
办公室	m²	340	200	6.8
宿舍、食堂	m²	320	500	16.0
洗澡间	m²	450	60	2.7
大门值班室	m²	320	60	109
防疫围墙	m²	78	2 000	15.6
粪污处理设施	个	6 000	7	4.2
水塔	座		1	5.0
机井	眼		1	4.0
泵房	m²	270	20	.05
道路	m²	70	2 300	16.1
平整土地	m²			30.0
征地费	亩	12 000	150	180
合计				611

在建场基建投资中，鸡舍是工程的主要投资，约占总投资的50%。其中征地费，按年每平方米租金约0.6元计，30年为18元/m²，该项投资约占30%，但各地征用方式不同，为一个变动值。另外，若建种鸡场还应增加孵化厂的建设投资。

2）设备投资

根据各类鸡舍和设施的建筑结构要求，对所需的生产设备进行选型配套，并计算出设备购置、运输、安装等费用。这是建场投资的第二部分费用，所需的设备主要包括各种笼具、供料、通风、采暖、照明、清粪等设备，以及水、电供应和运输设备等。其中鸡舍装配设备的多少，与鸡场机械化程度有关，各场在这方面投资多少差别很大。一般10万只以上的大型鸡场生产设备齐全，机械化程序较高，小型鸡场以手工操作为主，所需机械设备较少。我国养鸡生产发展的方向是以利用劳动力资源与采用先进生产设备相结合，逐步向半机械化或机械化生产发展。

以10万只生产规模蛋鸡场为例，实行机械化生产所需的设备投资，见表2-5。

表2-5　10万只蛋鸡场机械化生产所需设备的投资计划

投资项目	单位	单价（万元）	数量	投资金额（万元）
蛋鸡笼	组	0.048	1 080	51.84
育成鸡笼	组	0.06	288	17.28
育雏笼	组	0.50	30	15.00
输料机	组	0.22	16	3.52
喂料机	组	0.40	48	19.20
喂料链条	m	0.001	16 100	16.10
各种饮水器	个	0.001 8	1 200	2.20
风机	台	0.15	68	10.20
湿帘	m	0.01	600	6.00
拣蛋车	台	0.025	24	0.60
供水系统				12.00
供暖系统				25.00
供电系统				39.00
发电机组	台			5.00
消毒设备				1.5
工具费				4.00
运输车辆	部			15.00
化验分析仪器				12.00
电话、计算机				4.00
设备运输费				25.00
设备安装费				10.00
合　计				294.44

在设备投资计划中，笼具和饲喂设备费用约占30%，水、电、暖系统费用约占30%，这两项为鸡场必需的设备，其余40%的费用可根据实际投入资金的多少选择配置。

3）其他投资

包括筹建费、办公费、交通费等方面，该项费用由于不便预计，也应计入建场投资费用内。

关于建场后的生产性投资、经济效益和市场风险分析，因篇幅所限，此略。

【请你回答】

你的一个同学，准备回家进行旧院黑鸡的养殖，并告诉你他利用大学生创业小额贷款获取了3万元的启动资金，但不知道从何开始，请你帮助他出谋划策。你有什么好的建议呢？

【职业能力拓展】

1. 旧院黑鸡养殖场设计的要素有哪些？
2. 旧院黑鸡养殖场常用的设备有哪些？
3. 养殖场选址时在地形地势上有什么要求？

项目三 旧院黑鸡的繁殖

【学习目标】

1. 了解旧院黑鸡配种的公母比例、配种方法;
2. 掌握旧院黑鸡种蛋的消毒和孵化。

【知识储备】

任务一 旧院黑鸡的繁殖与产蛋规律

一、旧院黑鸡种鸡的公母比例

公母鸡配偶比例应适当,以保证有高的受精率。如果配偶比例不适当,母鸡过多,不能得到公鸡配种;公鸡过多,会产生争配现象,这些都会降低种蛋的受精率。万源旧院黑鸡最适当的配比为 1:(8~10)。

旧院黑鸡种鸡利用年限:一般鸡于性成熟后,第一个产蛋年产蛋量最高,第二个产蛋年较第一个产蛋年下降 15%~25%,第三个产蛋年再下降 15%~25%。因此,一般繁殖种鸡场,利用时间都较短,常采用全进全出制,种鸡年龄(2~4)年。

二、旧院黑鸡的繁殖方法

1. 种鸡的选择

1)种公鸡的选择

种公鸡的选择历时较长,要经过整个生长期的选留,直至性成熟期,才能确定雄性副性征明显,体质健壮,具有强烈交配意识的公鸡。一般在生长期的 90 d、120 d、180 d 进行三段式选拔。一旦确定，就要在采精 1 周前进行人工采精训练。每日进行背部按摩（3~4）次，一是使种公鸡消除惊恐，慢慢适应触摸；二是形成完整的性反射，获得高品质的精液。

2）种母鸡的选择

在较长的育种发展过程中，种母鸡的选择一直没有受到极大的重视，然而随着育种研究的不断深入，已经证明种母鸡的品质好坏，直接影响其产蛋率和种蛋的孵化率。种母鸡一般二龄时为最佳生殖年龄，以后生殖能力逐年下降。超过五龄不宜留作种鸡。

2. 自然繁殖

自然繁殖方式是指在自然状态下，公鸡、母鸡在正常生理反应作用下，随机进行交配的一种方式。这在大型饲养场的粗放型放养中多见。即公鸡、母鸡混合饲养，自发地进行交配、排卵、受精和产蛋这一繁殖过程。这种自然繁殖方式一定要注意雌雄公鸡的比例，以保证整体受精率。在自然交配繁殖中，选择鸡群数量有下列几种方式：

1）大群配种

大群配种是指一定数量的母鸡按比例配以一定数量的公鸡，使每一只公鸡和每一只母鸡都有机会组合交配。这种配种方法受精率较高，但不能确知雏鸡的父母，一般只用于繁殖种鸡场，即扩繁场。

可用一只公鸡配（8~10）只母鸡。三年以上种公鸡，竟配能力差，不宜用于大群配种。

2）小间配种

一个配种小间，一般容纳（8~10）只母鸡配一只公鸡。母鸡公鸡均编脚号或肩号，配置自闭蛋箱，种蛋要记上配种间号数和母鸡脚号或肩号，以期能够清楚地知道由这种配种所得雏鸡的父母。小间配种常因配种行为和癖性，使得种蛋受精率不如大群配种高。

3）个体控制配种

此法为将一只公鸡单独养在配种笼和配种间内，将母鸡放入，待公鸡交配后，即行取出。为了保证优良受精率，每周每只母鸡至少放入一次。这种配种方法，可以充分利用特别优秀的公鸡，然而因交配时要靠人工控制，故需花较多人力。

3. 人工授精

此法为将符合品种特征特性的优秀公鸡个体单独饲养，进行人工采精，稀释后制成颗粒冻精或细管冻精，或者用鲜精，一周给每只母鸡人工输精一次，每只公鸡可供（1 000～2 000）只母鸡。

1）采精方法及精液品质鉴定

通过采精前按摩训练，种公鸡基本适应操作过程，不可强行操作，否则公鸡很难出现性反射，射精过程缓慢，甚至不射精。首先将公鸡泄殖腔周围消毒干净，最好剪掉细绒毛，一名操作者自公鸡背部向尾部轻轻按摩数次，直到公鸡出现性反射；此时将其尾羽上翻，将泄殖腔完全暴露，并将左手拇指和食指挤捏泄殖腔上侧，由里向外轻轻挤压，另一名操作者将采精杯接于泄殖腔口，同时挤压频率稍加快，公鸡性反射达到高潮，精液随即排出。在采精前公鸡要停食（3～4）h，在采精过程中最好固定采精人员；对公鸡的采精次数不宜过频，最好隔天采一次；收集的精液最好在30 min内配种用完，若不能马上利用，应立即置于（25～30）℃保温瓶内保存。

对于精液品质的评定，一般以肉眼观察精液的外观：正常精液为不透明的乳白色液体。如有血液、粪便或尿酸盐混入精液，精液会呈现粉红色或黄褐色。通常，一次采精量为（0.3～0.5）mL，每毫升含有（20～40）亿个精子，在采精后（20～30）min内测定精子活力。活力主要以精子做直线运动的所含百分比而定，原地不动、画龙运动和转圈运动者为弱活力者。当精子活力下降到60%以下，受精率显著受影响。精液的正常值为7.0～7.6。在配种使用精液时，需要对精液进行稀释。精液与生理盐水以 1∶1 比例进行配比，得到人工授精的稀释精液，这项工作要求在采精2 min内完成，并且在室温（25～30）℃稳定温度下进行，所用一切物品温度必须与精液温度相同。

2）输　精

输精时间一般宜选在每天下午3时至4时。此时母鸡的输卵管内基本无蛋。一般右手持鸡，奋手将泄殖腔经过翻肛，使其位于泄殖腔左侧呈菊花瓣状的输卵管口翻出，输精人员立即将0.04 mL左右的稀释精液管插入（1.5～2）cm，输精的同时避免压迫母鸡腹部，以免梢液流出，而后立即将管拔出，同时将泄殖腔恢复原状态，防止精液倒流。每4到5 d输一次，受精率可达90%～95%及以上。一般输精后48 min即可得到种蛋。

三、旧院黑鸡的产蛋规律

早春育雏的种鸡，一般在秋季即可产蛋，春末夏初育雏的蛋鸡，一般在冬季或次年的初春开产。不管鸡在什么季节开始产蛋，在整个产蛋的过程中，每只蛋鸡均有一定的产蛋规律。在蛋鸡饲养过程中，掌握其产蛋规律并按其产蛋规律增减饲料的数量及营养成分，可以充分发挥鸡的生产性能，提高饲料报酬率。鸡在产蛋年中，产蛋期一般可分为三个阶段，即始产期、主产期和终产期。产蛋量的多少，依赖于产蛋期间的长短和产蛋期的产蛋率。

1. 始产期

从开始产第一个蛋到正常产蛋开始，约经 1 或 2 周，谓之产蛋始产期。在此期中，产蛋无规律性，产蛋不正常。一般有下列几种情况：（1）产蛋之间间隔长；（2）产双黄蛋；（3）产软壳蛋；（4）一天之内产一个异状蛋，一个正常蛋，或两个均为异状蛋。

2. 主产期

主产期产蛋模式趋于正常，每一只母鸡都具有自己特有的产蛋模式，产蛋率逐步增高，一般在（32~34）周龄，产蛋率达到最高峰，然后逐渐下降。主产期是母鸡产蛋年中最长的产蛋期，对产蛋量起着重要作用。因此，在此期间，要增加蛋白质、矿物质和维生素饲料的喂量，并注意添加蛋氨酸、赖氨酸等添加剂，以满足蛋鸡大量产蛋的需要。

3. 终产期

终产期时间相当短，鸡还能产一部分蛋，但由于其脑下垂体产生的促性腺激素减少，产蛋量迅速下降，直到不能形成卵子而结束产蛋。此期开始可进行维持饲养，在保证其身体健康的前提下，适当减少蛋白质、碳水化合物等精饲料，增加粗饲料的喂量，以达到降低饲养成本的目的。

任务二　旧院黑鸡的种蛋孵化

一、旧院黑鸡孵化方式的选择

1. 自然孵化

自然孵化是指利用母鸡一个产蛋周期结束后，自动孵抱小鸡的自然方法。缺点是孵化量小，母鸡抱性强，产蛋期缩短，年产蛋量减少。

2. 自动孵化器孵化

孵化器孵化鸡是利用电脑自动控制温度和湿度，进而控制鸡蛋孵化过程的最高级人工孵化方法。利用孵化器孵化鸡，环境无污染，空气质量清新，减少了人的劳动量，是目前最好的孵化方法。

二、孵化准备

1. 孵化器及孵化室消毒

在入孵前一个星期，孵化室及孵化器要清洁消毒，屋顶、地面各个角落也要清扫干净。机内刷洗干净后应用高锰酸钾和福尔马林熏蒸消毒。按房间及机器的体积大小计算用量，每立方米放 7 g 高锰酸钾、14 mL 福尔马林溶液。方法是先把固体的高锰酸钾放在瓷盘中，再倒入福尔马林溶液，至有浓烟发出再把房门和机门关严。一般熏蒸（30~40）min 之后打开门窗。

2. 试机定温和定湿度

在开始孵化前，应该全面检查孵化器，看看孵化器的风扇转动和翻蛋装置是否正常，各部分的配件是否完整，电热丝是否发热，红绿指示灯是否正常。孵化前按程序装好箱内设备、接通电源热功当量毯电源，定时检查箱内温度计的读数变化，分析所需箱温的相对稳定维持时间，试温（6~12）h，温度稳定，可以入蛋孵化。如果发现不正常时，必须及时彻底修好。然后重试温，水盘加水，使孵化器内达到所需要的温度和湿度。如果孵化器工作正常，温度、湿度变化很小，合乎要求，就可以开始入蛋，正式进行孵化。

3. 种蛋的选择和消毒

孵化用的种蛋，最好是 7 d 以内的新鲜蛋，保存时间最多不能超过两周。保存温度一般（8~20）℃，最好是（10~15）℃。种蛋蛋形正常，蛋一般为（32~50）g。入孵以前将种蛋再选择一次，把脏蛋、有裂纹的蛋、蛋形过长、过圆、过大、过小的蛋、砂皮、砂顶及钢皮蛋或两头尖、腰凸的蛋挑出来。入孵时间一般在下午 4:00—5:00 或晚上 12:00 后进行，有利于白天出雏。

选好种蛋后，必须经过消毒才能孵。消毒方法如下：

新洁尔灭溶液消毒法：原液系 5%溶液，使用时加水到 50 倍配成 0.1% 浓度的溶液，用喷雾器喷在种蛋表面或者浸泡 10 min 取出。

熏蒸消毒法：孵箱消毒用高锰酸钾与甲醛熏烟消毒。每立方米容积用量为高锰酸钾 17.5 g、甲醛 35 mg。先将高锰酸钾放在玻璃皿磁盘内，放入箱底部，注入甲醛，密闭箱口，经（30～60）min，揭开密闭物，让气体逸出。

种蛋码盘时应注意大端一定要向上，因为如果蛋的小端朝上，会使胚胎在发育过程中因得不到大端气室的空气而不能正常发育。

4．种蛋选择

1）品质新鲜

种蛋保存时间愈短，对胚胎生活力的影响愈小，孵化率愈高。一般一周内合适，以（3～5）d 最好，15 d 内有一定的孵化率，15 d 以上孵化期推迟，孵化率降低，孵出的雏鸡软弱。

2）大小合适

蛋形正常，过长过圆的蛋不宜孵化。过大过小也不好，因为过大会使孵化率低，过小会使孵出的雏鸡小，以（55～65）g 为宜。

3）蛋壳正常

蛋壳结构应致密均匀，沙皮蛋、钢皮蛋都不能用于孵化，因为前者蛋壳过薄易破损，壳面粗糙，而后者手敲时声音发脆，蛋壳过厚导致出雏困难。

4）壳面清洁

过脏的蛋和破损蛋常被病原菌污染，容易腐败，不宜孵化，因此要选择颜色正常的蛋，蛋壳颜色应符合本品种标准。

5）是否授精

借助照蛋器检查种蛋是否授精。

具体方法及标准是：蛋黄中心呈灰白色，伸到蛋黄表面的白点，称为胚珠，受精后称为胚盘。受精卵的胚盘中央部分透明而亮，周围不透明而暗；未受精的胚珠中央部分和周围部分没有差别。

6）种蛋消毒

将准备入孵的种蛋置 1‰ 的高锰酸钾液中浸泡约 2 min，把消毒水擦干或滤干，待孵箱温度达到 39 ℃ 左右，入蛋孵化。

三、旧院黑鸡孵化条件

1. 温　度

1）变温孵化

严防早期低温，后期高温。

室温 12.8 °C 左右时：
　　（1~7）d：（38.2~38.5）°C
　　（8~17）d：37.9 °C
　　（18~21）d：37.3 °C

室温 18.3 °C 左右时：
　　（1~7）d：（37.9~38.2）°C
　　（8~17）d：37.5 °C
　　（18~21）d：37.5 °C

室温 32.2 °C 左右时：
　　（1~7）d：36.8~37.5 °C
　　（8~17）d：36.5 °C
　　（18~21）d：36 °C

2）恒温孵化

过高或过低均会造成胚胎发育不正常或死胎。

室温 12.8 °C 左右，上蛋至出雏稳定保持 37.9 °C；

室温 18.3 °C 左右，上蛋到出雏稳定保持 37.5 °C；

室温 32.2 °C 左右，上蛋至出雏稳定保持 36.5 °C；

2. 湿　度

初期 55%~60%，后期（开始出雏时）65%~70%。加湿方法：用水加湿，水盘面积为箱底面积的 3/5~3/4。

3. 通　气

胚胎在发育过程中，不断吸收氧气和二氧化碳。为保持胚胎正常的气体代谢，必须供给新鲜空气。蛋周围空气中二氧化碳含量不得超过 0.5%，二氧化碳达 1% 时，胚胎发育迟缓，死亡率增高，会出现胎位不正和畸形等现象。因此，孵化时必须保持器内空气新鲜。

4. 翻 蛋

前期每 4 h 1 次，即每天 6 次，后期每 6 h 1 次，即每天 4 次，翻蛋角度 60°~90°。

5. 凉 蛋

凉蛋的目的在于散热和调节温度，特别是胚胎后期，代谢强烈，产热功当量多，要注意凉蛋。同时凉蛋会给胚胎一个冷刺激，能提高胚胎的生活力，有利于提高孵化率和雏禽对外界冷刺激的抵抗力，以培育强健雏禽。凉蛋时间可与翻蛋同步进行。孵化 7 d 开始，冬天 1 次/天，其他季节（2~3）次/天，（5~10）min/次。每次凉蛋的蛋温不得低于 33 ℃。孵化后期，蛋温较高，一旦孵化超过要求温度，就必须凉蛋，凉蛋时间长短与室温有关，通常用眼皮测温，凉至眼皮感觉与体温接近（微凉）即可。有孵化器条件孵化的，可以断掉电源，打开气门，鼓凉风，热天可以打开机门，如通气良好，温湿度符合孵化要求，亦可不凉蛋。

6. 验 蛋

验蛋又称照蛋，头照，入孵（5~6）d，可见黑的眼点，向四周呈放射状血管，蛋色暗红；二照（17~19）d，17 d 小头看不到发亮，18 d 气室向一方倾斜，19 d 气室中有翅、喙、胫部等黑影闪动。

【知识拓展】

旧院黑鸡孵化过程图解

一、未受精蛋和受精蛋的对比

图 1 为未受精蛋，图 2 为受精蛋。

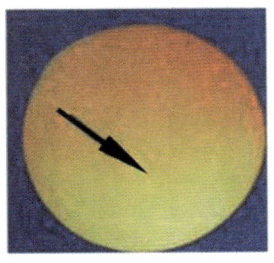
图 1

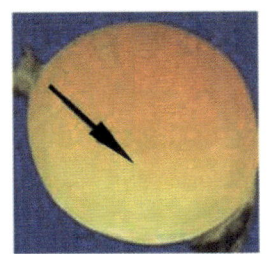
图 2

未受精蛋。种蛋中通常被称为"卵黄"的部分，实际上只是一个细胞，即雌性生殖细胞或卵子。卵黄绝大部分是营养物质，细胞核和大部分细胞质集中为一个不规则的小白点，浮于卵黄上面和卵黄膜的下面，如图中箭头所示。这种蛋虽经孵化但不能发育，称未受精蛋。

受精蛋。鸡的卵子在输卵管的漏斗部与精子相遇而受精，受精卵在母体内滞留期间不断分裂，到种蛋产出体外时已分裂成一团细胞，此时为胚胎发育的囊胚期。从正面看，囊胚像覆盖在卵黄表面的圆盘，中央为明区，边缘为暗区，通常称为胚盘。

二、旧院黑鸡孵化过程胚龄照蛋图解（见下图）

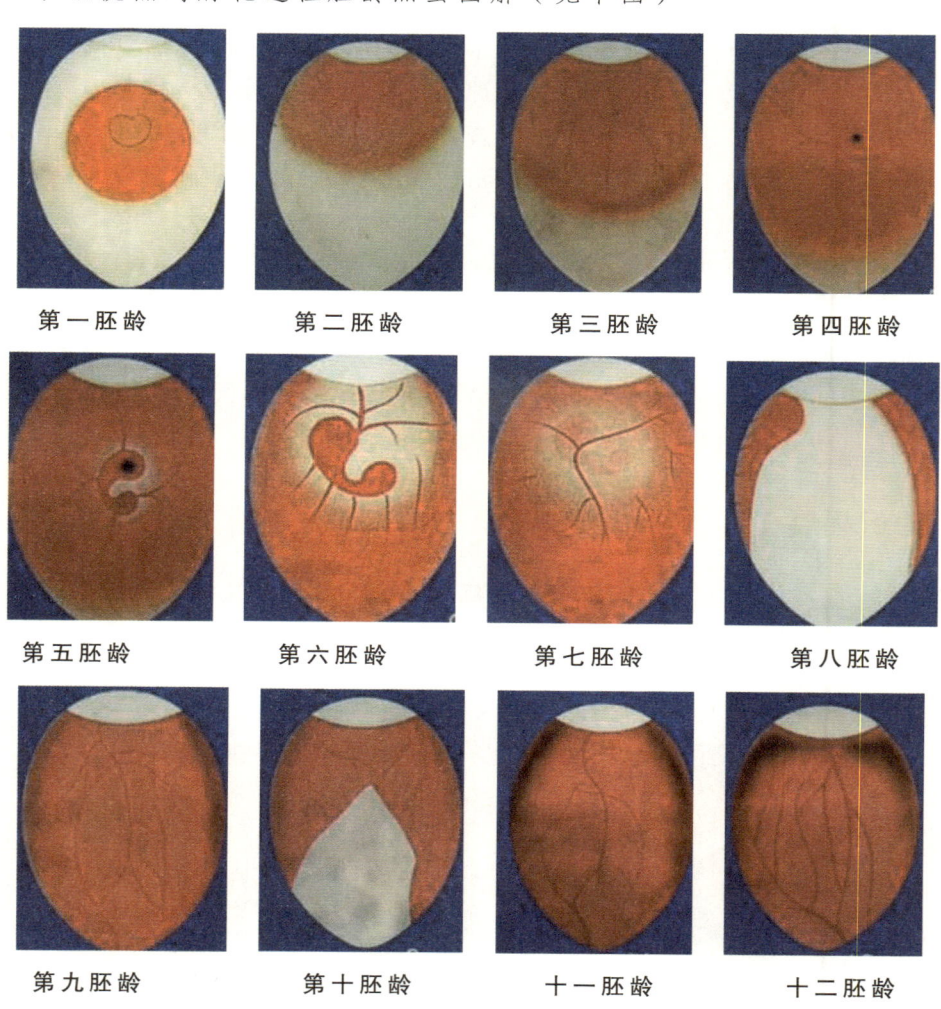

第一胚龄　　第二胚龄　　第三胚龄　　第四胚龄

第五胚龄　　第六胚龄　　第七胚龄　　第八胚龄

第九胚龄　　第十胚龄　　十一胚龄　　十二胚龄

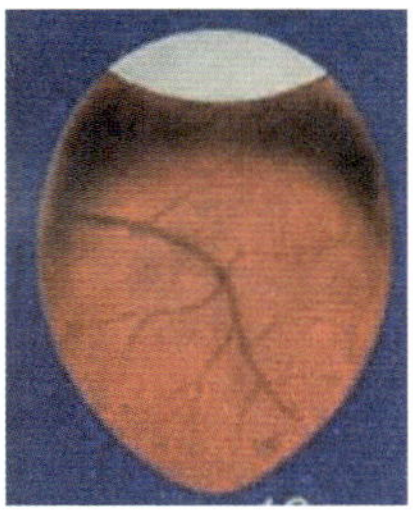

十三胚龄 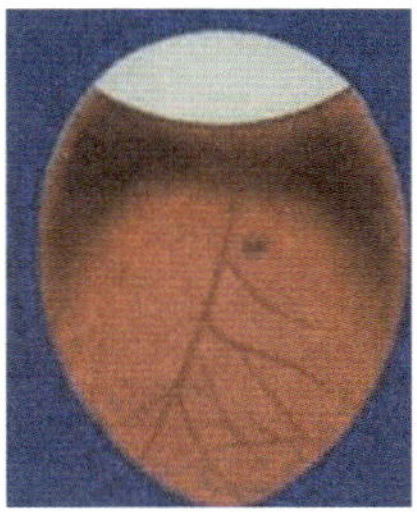　　十四胚龄 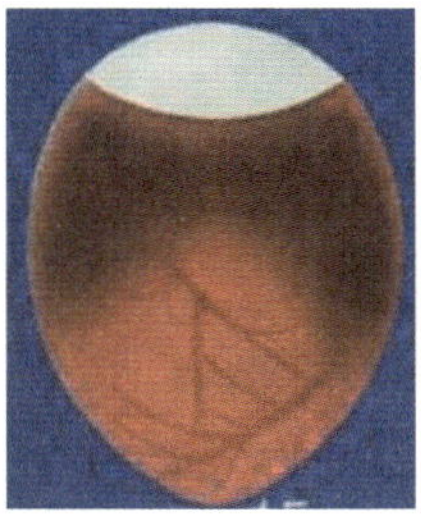　　十五胚龄 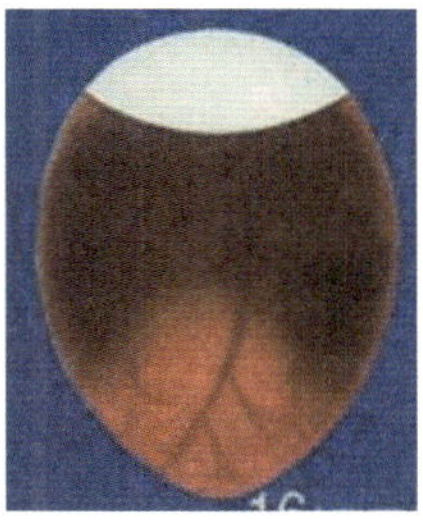　　十六胚龄

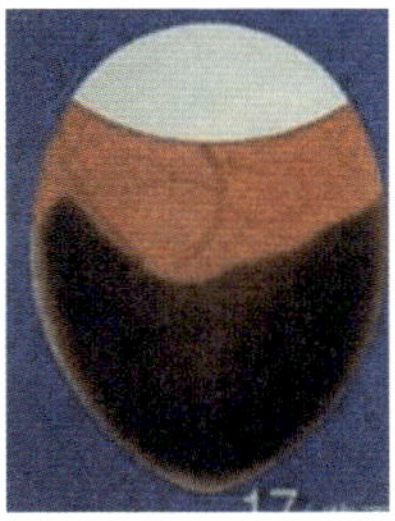

十七胚龄 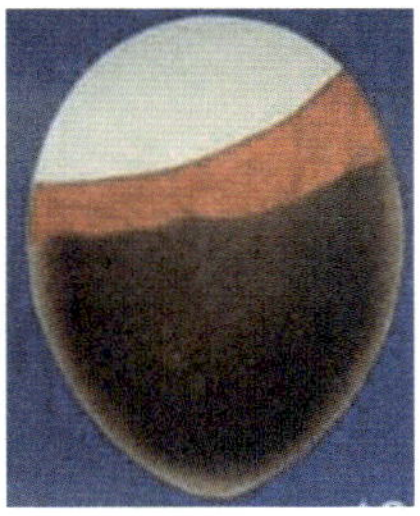　　十八胚龄 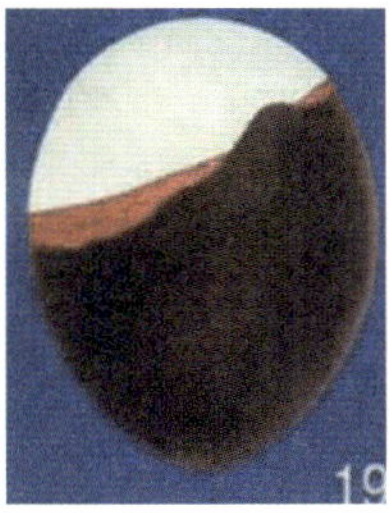　　十九胚龄 　　二十胚龄

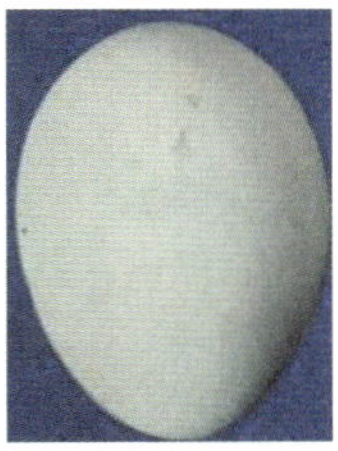

二十一胚龄 　　出壳

三、旧院黑鸡孵化过程胚龄解剖图解（见下图）

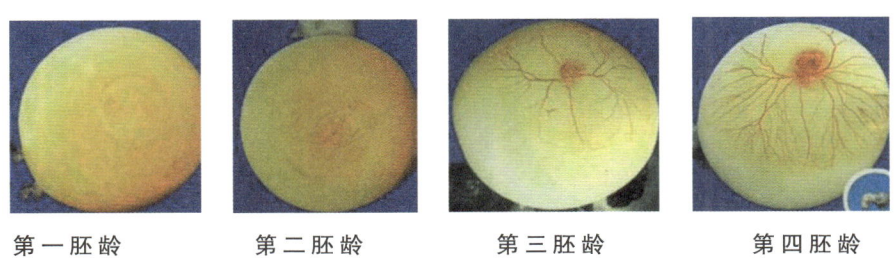

第一胚龄　　第二胚龄　　第三胚龄　　第四胚龄

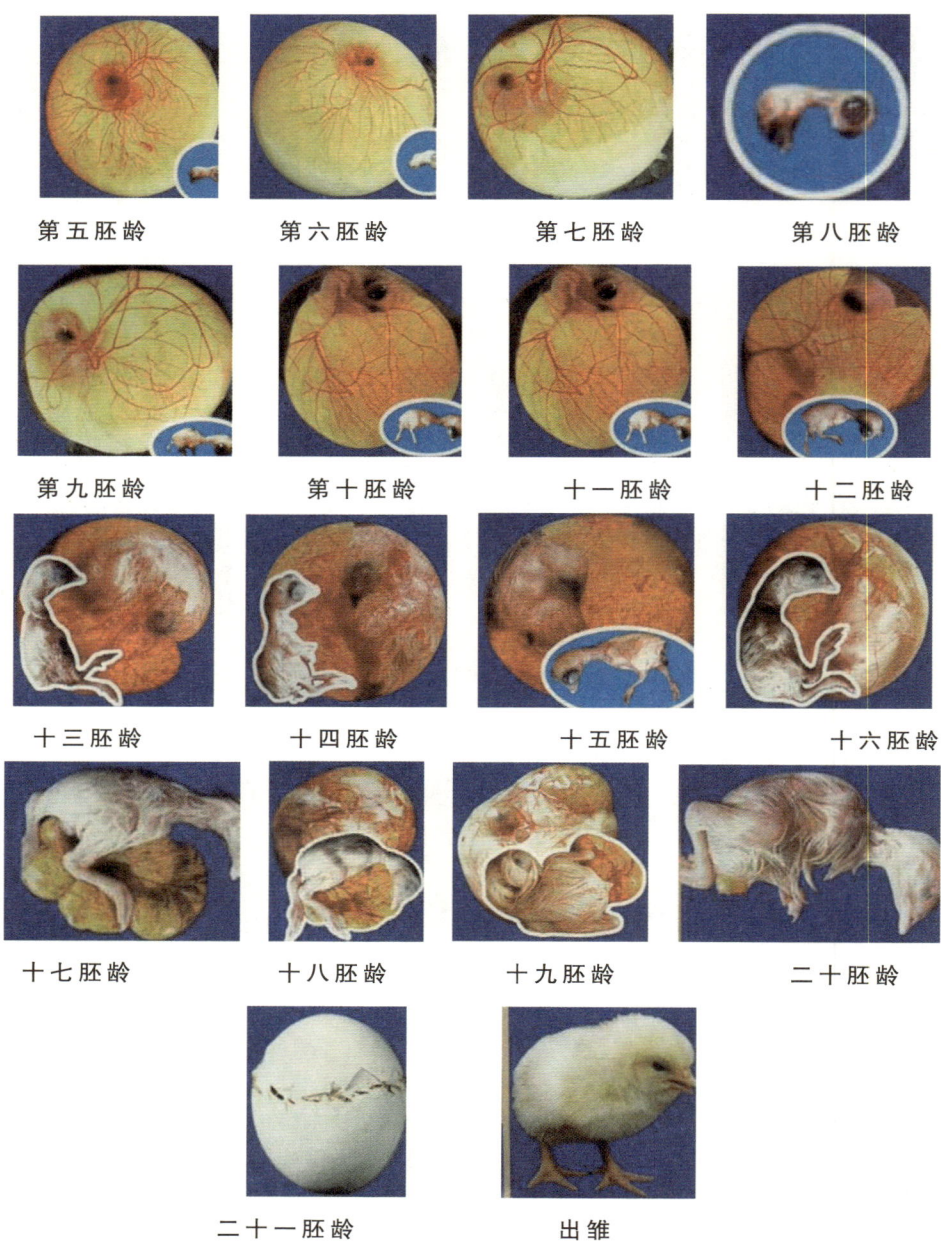

第五胚龄　　第六胚龄　　第七胚龄　　第八胚龄

第九胚龄　　第十胚龄　　十一胚龄　　十二胚龄

十三胚龄　　十四胚龄　　十五胚龄　　十六胚龄

十七胚龄　　十八胚龄　　十九胚龄　　二十胚龄

二十一胚龄　　出雏

四、旧院黑鸡孵化过程文字说明

第一天：受精卵经过 24 h 的孵育，胚盘变大变厚，明区和暗区同时增大，在卵黄上可见到椭圆形的盾称为胚盾，是未来的胚区。

第二天：胚盘已扩展一倍并被红色的血管围成樱桃形或椭圆形，这些血管即胚胎的卵黄囊循环的边缘血管——缘窦。胚盘中心有一变曲的透明体——胚胎，透明体中可见一搏动着的小红点，即原始心脏。

第三天：由孵化的第一天开始，蛋白中的水分通过半透性卵黄膜向卵黄中移动，使卵黄中水分含量大增，新进来的水分并不与卵黄液融合而主要存在于胚区。胚胎与伸展的卵黄囊血管形似蚊子，白壳种蛋通过照视可见蚊状的血管区，俗称"蚊虫珠"。

第四天：卵黄体积继续增大，颜色变淡，卵黄囊血管包围卵黄近 1/3，由于卵黄液化膨胀的压力，使卵黄囊血管紧贴于内壳膜，可与外界进行气体交换。照蛋时卵黄不易转动，胚与卵黄囊血管形似蜘蛛，俗称"小蜘蛛"。尿囊是一个很小的水泡，眼睛开始沉积黑色素。

第五天：胚胎被包围在一个透明的水泡（羊膜）中，羊膜内充满羊水，胚体弯曲，眼睛黑色素大量沉积。卵黄囊已包围 1/2 的卵黄，照蛋时可见到眼睛的影子，俗称"单珠"或"黑眼"。肉眼已可见到尿囊，直径 6 mm 左右。

第六天：尿囊增长迅速，一天之内增长了约 4 倍，尿囊血管系统迅速发育，已经覆盖羊膜与部分卵黄，但较卵黄囊血管细；卵黄囊血管分布在卵黄面积达 2/3 以上。胚体已初具翼和腿的外形，眼睛黑色素更多，照蛋可见头部与躯干部两个小圆团，俗称"双珠"。

第七天：卵黄体积达到最大程度，以后将逐渐缩小，卵黄囊虽然也增大，但仍有 1/4 卵黄未被覆盖；尿囊比第 6 天增长约两倍；胎儿的外形已具备禽类的特点，头和眼所占的比例相当大，前后肢分化明显，胎儿的透明度开始降低，胚胎半沉半浮横卧于羊水中。

第八天：尿囊较第 7 天扩大了一倍，几乎包围了卵黄囊。从第 4 天到第 8 天是尿囊发育的第一阶段，胚胎由卵黄囊呼吸转化为尿囊呼吸。胎儿外形发育趋于完善，上喙白色，破壳齿明显可见，胸腹腔尚未封闭，心、肝、胃都暴露于体腔外。羊水与尿囊液迅速增多。

第九天：尿囊沿内膜迅速向下端发展，包围了胎儿和卵黄，并包围部分蛋分白。胎儿皮肤透明度下降，皮肤表面出现排列整齐的小点，即羽毛原基。胸腹腔已封闭，心、肝、胃等器官已包入体腔。

第十天：尿囊在胚胎的背面迅速向下端发展，将蛋白逐渐包围起来。当孵化的第 10 天结束时，尿囊虽向小端逐渐包围，但尚未合拢。胎儿皮肤的羽毛原基遍及全身，翼和腿部羽毛的尖端已微露。胎儿的位置靠近气室。

第十一天：由于尿囊完全包围了卵黄、胚体和蛋白，尿囊血管已在小端吻合，此时为孵化后的第 10 天零半天，照蛋检验将这一现象称为"合拢"。从第 8 天到第 11 天是尿囊发育的第二阶段。尿囊的合拢与否意义重大，只有合拢完善，才能保证胎儿吞食蛋白。

第十二天：图中尿囊在蛋白端尚有一小孔未合拢，对于 12 天的胚胎发育似乎嫌慢。由于个体差异，这种情形并不罕见，鸡胚短，羽已遍，爪已角质化。蛋白呈淡黄褐色，黏稠，浆羊膜道形成。

第十三天：浆羊膜道是输送蛋白至浆羊膜腔的细长通道。黏稠的蛋白由于尿囊的包围和收缩，像挤牙膏一样不断进入浆羊膜腔，与羊水混合，这种含有蛋白的羊水，称为蛋白羊水，胎儿开始大量吞食蛋白羊水。胎儿在孵化的第 12 天至第 18 天期间，除了从卵黄囊摄取营养外，靠吞食蛋白羊水由消化道摄取营养也是重要途径。由于蛋白中各种氨基酸含量平衡，使胎儿的重量迅速增加，由第 12 天的 5 g 左右增至第 18 天的 22 g 左右。

第十四天：尿囊血管充分发育并紧贴壳膜，通过内外壳膜、蛋壳排出二氧化碳和水蒸气，吸进氧气；尿囊液增加，主要集中于羊膜周围，新陈代谢旺盛，胎儿增重迅速。解剖胚蛋时尿囊血管很容易破裂。胎儿大量吞食蛋白，为增重和羽毛的生长提供了营养，颈部羽毛长度达 10 mm。经验认为，此日前后为养毛期，孵化温度应平稳，以保证胎儿正常吞食消化蛋白。

第十五天：尿囊所包围的蛋白减少，照视胚蛋，小端发亮部位缩小，胚体与卵黄的黑影部分增多。胎儿的羽毛生长迅速，颈部羽毛长度达 12 mm，身体各部羽毛生长整齐，胫、趾鳞片开始形成。

第十六天：尿囊所包围的蛋白进一步减少，尿囊液颜色变混，有少量尿酸盐沉积。由于吞食蛋白、胚胎代谢产物增多，排泄的尿酸盐储存在尿囊中。胎儿体重继续增大，羽毛加长变丰，颈部羽毛长度达 15 mm。

第十七天：这是煮熟的全胚，已剥去尿囊。孵化到 17 天，蛋白基本上向羊膜腔输送完毕，胎儿仍被蛋白的羊水包围。小图中为胎儿的新鲜肌胃，可见到胃内的乳凝块。原本是透明的蛋白羊水，被吞食到胃中受到胃酸和消化酶的作用而变成乳凝块。胎儿由于从蛋白和卵黄中摄取了全价蛋白体重增加，外形和羽毛的发育，与出壳的雏鸡差异不大。从孵化的第 12 天至 17 天是尿囊发育的第三阶段，尿囊的合拢导致胎儿可以完全吞食蛋白。照视胚蛋，全部为胎儿和卵黄的黑影，俗称"封闭"。

第十八天：残存的蛋白羊水被吞食完毕，尿囊液减少，气室增大，尿囊增厚并收缩，整个胚胎较易与蛋壳膜剥离，可看见两面三处尿酸盐沉淀。由于蛋白利用较好，胎儿的羽毛像缎子一样覆盖在鸡体表面。此后胎儿的营养来源只有一种——卵黄。

第十九天：气室继续扩大，尿囊液与羊水继续减少，尿酸盐沉积增加，尿囊血管鲜红，表明尿囊仍司呼吸器官的职能。孵化第19天在气室中可见展翅，少数雏鸡的喙已穿破内壳膜而达于气室，可听到雏鸡的鸣叫声。雏鸡的营养全靠卵黄，部分卵黄已收入腹腔，一旦雏鸡的喙进入气室，即开始肺的呼吸，此时雏鸡尿囊和肺的呼吸并存，并逐渐由前者过渡到后者。呼吸量大，代谢热产量大增，通常在这一天"落盘"。

第二十天：孵化的第20天是最关键的一天。雏鸡由囊呼吸过渡到肺呼吸，剩余部分卵黄收入腹腔，雏鸡蓄积力量，准备出壳。大量啄壳应在第20天初。雏鸡的喙已穿破气室，然后用破壳齿划破外壳膜，再压喙向外顶，使蛋壳破裂。蛋壳被啄破，雏鸡可直接由外界呼吸，此时尿囊膜开始枯萎，但仍有血管在工作。卵黄大部分收入腹腔，只有少部分露在腹外。破壳后，经过数小时的发育，雏鸡继续移动着头部，不断破坏外壳膜，在蛋上形成一个环状缺口。

第二十一天：在第20天后期，已有雏鸡破壳而出，大批出雏在第21天的上半天。由啄壳到出壳是胚胎发育不可缺少的环节，是重要的生理过程，雏鸡在出壳过程中使呼吸、循环和运动系统得到加强，促进了卵黄的吸收和脐部的收缩。

出雏：刚破壳而出的雏鸡全身被羊水浸湿，行动无力，在出雏器良好环境中羽毛干燥膨松，行动积极，鸣叫有力，此时就可以由出雏器内移出。

优良种蛋受精率在95%以上，受精蛋孵化率也在95%以上。科裕孵化设备有限公司研制、生产的"科裕"牌系列孵化机，温度、湿度、通风、转蛋全部采用电脑全自动控制，性能稳定可靠，为国内大、中、小型养鸡（禽）企业广泛采用。生产实践证明，孵化成绩达到了国内的先进水平。

7. 落　盘

鸡蛋孵到18~19天，将蛋移到出雏盘上叫做落盘。落盘的蛋平码在出雏盘上，落盘蛋数不可太少，太少了温度不够，可能延长出雏时间，如果蛋间距离过大，抽盘时容易相互碰撞，造成破损；落盘的蛋数太多了也不好，会造成热量不易散发和新鲜空气不足，而把胚胎烧死或闷死。

8. 拣 雏

鸡蛋孵到 20~21 天后，开始大批破壳出雏，这时每隔（4~6）min 拣雏一次，把脐部收缩良好、绒毛已干的小鸡拣出来。而脐部凸出肿胀，鲜红光亮和绒毛未干的软弱小鸡，应暂时留在出雏盘内，待下次再拣。拣雏时要把蛋壳同时拣出来。

9. 人工助产

对出壳有困难的胚胎应进行人工助产。特别是出雏后期，应该及时进行人工助产。如破壳不到三分之一，内膜发白、湿润，血管清晰并充血，就应进行人工助产。助产时不能粗心大意，因为这时稍不留心，血管会被撕断，胚胎流血，造成死亡或残雏。如破壳已过三分之一，但绒毛发黄，毛梢发焦，有的内膜发干并包住胚胎，也要进行人工助产。助产时要轻轻剥离，注意血管，过干时可用温水湿润后再行剥离。一旦胚胎头部露出，估计可自行挣脱出壳时，手术应停止，让其自行脱壳而出。

10. 后期清理工作

鸡蛋孵到 21 天，当大部分雏鸡出壳以后，就应开始进行清理工作。首先将死雏和毛胚蛋拣出。如果不把死雏和毛胚蛋拣出来，它们会吸收附近胚胎的热量，影响胚胎的继续发育和破壳。怎样识别毛胚蛋呢？毛胚蛋的颜色暗黑，用手摸时比较凉，敲一敲蛋壳会发实音：而活的胚胎蛋壳颜色正常，摸时温度较高，轻敲蛋壳是空响的。为了更有把握地拣出毛胚蛋，还可以用验蛋灯照一下，凡是活动的就是活胎：不动的或不摇不动的就是毛胚蛋。死雏和毛胚蛋拣出后，把剩下的活胚胎归并在一起，如不满一盘时，可将胚胎堆在雏盘内角，放在温度较高的出雏盘位置上，促其快出雏。

11. 清洁卫生

孵完一批小鸡之后，为了保持孵化器的清洁卫生，孵化器必须清扫干净。先把保护网、出雏盘、出雏盘架、水盘取出，再用鸡毛掸把机内壁、蛋盘架两端及机门的绒毛掸出，然后用蘸有消毒水的抹布擦干净。取出的各种用具要用消毒水洗刷，经曝晒后放回原处。

12. 停电时应采取的措施

在孵化过程中如遇到电源中断或孵化器出故障时，要采取下列各项措施。

（1）如已入孵十天以上，要立即把门打开，驱散积热，然后做好室内的保温工作。冬天天气较冷应将室内的温度提高到27 ℃以上。孵化器停电后，可将沸水装入塑料桶并盖好，再放入孵化器中作为热源。放入孵化器内沸水桶的时间一般不能晚于停电后30 min。孵化温度的控制主要通过沸水的数量和换水来解决。每隔半小时摇动风扇5 min以使温度均匀。沸水桶放入孵化器时，要远离种蛋。此法可缓解停电后的影响。

（2）停电后，将孵化器所有的电源开关关闭。

（3）机器内如有入孵10 d以内的鸡蛋，应关闭进出气孔，机门可关上。

（4）孵化中后期。停电后每隔（15~20）min转蛋一次；每隔（2~3）h把机门打开半边，拨动风扇（2~3）min，驱散机内积热，以免由于机内积热而烧死胚胎。

四、旧院黑鸡的孵化出雏

1. 管　理

从孵化出雏开始，间隔（1~2）h清除蛋壳，拣出绒毛已干的雏鸡放入育雏器（箱），对个别已啄壳出不来的可以人工助产。注意观察蛋膜上的血管收缩情况，收缩完全即可拔壳、牵拉鸡头等方式助产出雏。

2. 分　群

对出壳的雏鸡，按品种、体积大小、体质强弱分群育雏，便于加强体弱瘦小雏鸡的管理，以提高育雏成活率。

3. 孵化效果

根据旧院高峰冠、张草坝、电热毯孵化记录统计，两批共入孵种蛋875枚，其中五天第一次照验蛋拣出无精蛋132枚，受精率84.91%，孵化出雏693只，受精蛋孵化率93.27%。

五、生物学检查

通过照蛋可以检查整个孵化过程中的胚胎变化，检查胚胎发育情况，以便找出原因，改进工作，使孵化率不断提高。因此孵化的生物学检查是孵化过程中应采取的重要措施，这里主要介绍验蛋检查。

利用太阳光或灯光照进蛋壳内查看胚胎发育情况，即可明瞭种蛋是否受精或胚胎发育是否正常、有无死胎。一般在5~7天对负荷蛋进行第一次照明，14~15天进行第二次照明，18~19天进行第三次照明。其作用是：第一次照明负荷蛋主要是检查有无精蛋及死精蛋，因为受精蛋可见有明显的"蚊虫珠"或"蜘蛛"，而未受精的蛋整个蛋是光亮的，俗称光蛋；死精蛋多显有一条红色的血根或血环通到气室，俗称"红根蛋"。

第二次照蛋检查孵化期间胚胎发育是否正常，有无停止发育的死胚蛋。一经发现及时拣出不再续孵。此时，照蛋可见蛋的正常钝端气室边缘整齐，气室下边的血管明显，而尖端可见黑影，俗称"乌尾"，即发育正常；若见气室边缘模糊，看不见血管，俗称"檐墙线不美"。

第三次照蛋，可见种蛋气室明显倾斜，气室以下的胚胎微动，有时能见较粗的血管，即胚胎正常，若只见气室倾斜、黑影静止不动并见不到血管，为死胚蛋。

六、旧院黑鸡育雏管理

1. 育雏温度

日龄	温度
（1~5）d	33~30 ℃
（6~10）d	29~27 ℃
（11~20）d	26~24 ℃
（12~30）d	23~21 ℃
（31~40）d	20~18 ℃

育雏温度掌握得是否得当，温度计反映的只是一种参考依据，重要的是要学会"看鸡施温"，即通过观察雏鸡的表现正确控制育雏温度。育雏温度合适时，雏鸡在育雏室（笼）内均匀分布，活泼好动、等食、饮水正常、羽毛光洁、雏鸡安静而伸脖休息，无奇异状态或不安的叫声；育雏温度过高时，雏鸡远离热源，精神不振，展翅张口鸣叫，不断饮水，严重时表现出脱水现象，雏鸡食欲减退，易引发呼吸道病和啄癖等；育雏温度过低时，雏鸡靠近

热源而打堆，羽毛蓬松，身体发抖，不时发生尖叫，还因打堆可能压死下层的雏鸡，另外还易引起鸡感冒，诱发鸡白痢。

2．降湿措施

湿度要求：第 1~7 日龄湿度为 60%~65%，8~40 日龄湿度为 55%~60%。

2）降湿措施

（1）勤换垫草（料）；

（2）地面撒石灰。

2）增湿措施

放置水盆、湿布或烧水以增大湿度。

3．清洁卫生

（1）育雏设施、器具在育雏前进行清洁消毒。

（2）育雏期间，严格遵守卫生规则，要更换垫草，保持干燥。

【职业能力拓展】

一、填空题

1．种蛋的适宜保存温度是_____℃，保存一周的种蛋宜在_____℃。

2．种蛋保存的时间一般以_____天内最好，_____为合适。

3．种蛋的消毒方法有_____、_____、_____。

4．采用立体孵化器并分批交叉入卵时，可用_____孵化，最适宜的孵化温度是_____℃。

5．孵化的相对湿度以_____为宜，出雏期间提高至_____℃。

6．机器孵化时，每昼夜翻蛋_____次为宜，翻蛋角度要求达到_____。

7．鸡的孵化方法分_____和_____。

二、名词解释

1．种蛋消毒。

2．翻蛋。

3．凉蛋。

4．码盘。

三、简答论述题

1．如何进行种蛋的选择？如何掌握？

2．种蛋孵化的条件有哪些？

项目四 旧院黑鸡的饲养管理

【学习目标】

1. 对旧院黑鸡的养殖方式有所了解；
2. 掌握旧院黑鸡育雏管理工艺流程的关键点控制；
3. 掌握旧院黑鸡种鸡，商品鸡的饲养管理。

【知识储备】

任务一 旧院黑鸡的饲养方式和特殊管理

一、旧院黑鸡饲养管理方式

1. 地面平养

地面平养全部铺设垫料，料槽和饮水器应当在舍内均匀分布，鸡吃食与饮水的距离一般不超过3 m为宜。对（60~70）日龄的中雏应进行第一次支原体和鸡白痢检疫，这个时期前后还应做新城疫Ⅰ系疫苗接种和驱除内部寄生虫。

2. 圈 养

地面铺垫草，鸡每日都在舍内活动，不外出，鸡的活动量和活动范围较小，以减少能量消耗，增加生长速度。此法宜于肉用仔鸡脱温后至出栏上市前一个月。

3. 笼 养

中雏鸡的笼养有三种鸡笼：一种是专用的中雏鸡笼，一种是幼鸡-中雏鸡综合鸡笼，一种是成鸡鸡笼。

4. 放 养

放养旧院黑鸡需要有良好的生态条件。适合规模放养旧院黑鸡的地方包括山地、坡地、园地、大田、河湖滩涂和经济林地等。放养场地必须远离住宅区、工矿区和主干公路，环境僻静，空气质量好。山地、坡地最好有灌木林、荆棘林和阔叶林等，其坡度不宜过大，以30°左右为佳，附近有未被污染的小溪、池塘等清洁水源。园地要求地势高燥、避风向阳、无污染和无兽害等，果树树龄以（3~5）年为佳。园地周围用旧渔网或纤维网隔离，园内要有清洁、充足的饮水。适宜养鸡的园地包括竹园、果园、茶园和桑园等。适合养鸡的大田有玉米地、高粱地等高秆作物地。

二、旧院黑鸡养殖过程中的特殊管理

1. 换 羽

换羽是鸡的一种生理现象，是羽毛组织的衰老和性机能活动减弱的结果。夏末秋初有的鸡即开始换羽，此时在管理上应特别细心，避免惊扰鸡群。要注意天气变化，饲料质量要好，日粮配合不能突然改变，可减少粮麸用量，加喂发芽饲料和良好的青饲料，以刺激鸡的食欲，维持体力不衰，以防换羽休产。在换羽期间，要避免强光照射，以尽快结束换羽期，对即将淘汰的老母鸡在秋季开始换羽之前可采取补充光照的办法，人为推迟换羽期，以增加产蛋量。

鸡群中常有一部分高产鸡在秋末尚未换羽，但为了提高次年春季种蛋的品质，可以采取强制换羽。其方法是：将秋季（一般是11月份）尚未换羽而身体健康的鸡选出，使鸡绝食五天左右，仅给饮水，不喂饲料，不补充光照，如此经（3~4）天后，即全部停产，（7~10）天即可换羽。绝食五天左右，即逐渐恢复给饲，仅给少量粉料，经（5~6）天后完全恢复正常饲养。

2. 醒 抱

万源旧院黑鸡往往会发生就巢性而停止产蛋，因此，应及时采取措施使鸡离巢。醒抱的方法很多，可采用隔抱笼，也可采用药物醒抱，如注射硫酸铜溶液（每只鸡一毫升，每毫升内含硫酸铜 20 mg）。还可采用低伏电流（20~25 V）刺激，促使母鸡醒抱。操作时将电流一端接触鸡啄内部，另一端接触鸡冠，通电 10 s，或间歇 10 s 后再通电 10 s。近年来，市售醒抱药物多用性激素，也有效果。但不论哪种醒抱方法，只要是一出现抱醒就采取措施，才有好的效果。

3. 砂浴

制成长 125 cm、宽 20 cm、高 10 cm 的木箱子，其中放等量的草木灰与砂子，然后放入适量（3%左右）硫黄粉，供鸡进行砂浴，可防止外寄生虫的危害。

4. 栖架平养

鸡舍内设置栖架可以保证鸡只晚间得到充分休息，避免羽毛弄污，防止受潮冷而引起疾病，阻碍生长。栖架由数根楼木构成。栖木多少随舍内容鸡的数目而定，每只鸡占楼木的长度一般为（17~20）cm。

5. 沙砾

在种鸡生长阶段，要给它们提供不可溶解的沙砾，最好用花岗石类的沙砾，其粒度不要超过 0.5 cm。第一次喂沙砾要在六周完成地进行，以后每周进行一次。投喂沙砾的第二个办法是用料盘投喂，不限喂，让其自由采食。如果在场养用不着喂沙砾，因为它们在活动时可以吃土壤中的沙砾。

6. 中药阉鸡

用中药可以达到阉鸡的目的。方法是用五味子和白胡椒喂鸡，鸡体重 0.5 kg 以上，各喂 15 粒；(0.3~0.4) kg 各喂 (12~13) 粒，可以达到目的。喂药后，鸡的精神正常，成长后鸡冠缩小，不啼鸣，失掉雄性，肉质肥厚，比同批未经喂药阉割的公鸡产肉多 0.5 kg 以上。

任务二　旧院黑鸡育雏期饲养管理工艺流程

一、育雏前的准备工作

1. 鸡的育雏方法很多，生态养殖一般采用网床和笼子育雏两种方式较为适宜。

自制网床成本低，效果好，管理方便。网床应根据育雏室的大小和环境温度制作 1~2 层，宽度一般为 1 m，宽了不便于管理；两层的育雏床中间要加接粪隔板。外边安装食槽、饮水器（最好乳头饮水器）。育雏底网孔径为 1.5 cm，育成则要 2.0 cm 以上的塑料网；承重要求，育雏需要每平方米 15 kg，育成则需要 25 kg。

笼养育雏，笼底要垫孔较小的塑料底网，将育雏笼孔距调到最小，防止雏苗出来。

笼养或网床饲养都要将水杯乳头高度调低，以便在第五、第六天能够喝到水杯或乳头的水，水杯的水位调至 1/3 处即可；对倾斜的水杯要校正，对出水小或不出水的水杯乳头要进行清理疏通，确保正常供水；检查水管内部是否有堵塞，水管是否有杂物堵塞出水口，水管接头是否牢固，以防止水管脱落或水位过高漏水，造成舍内湿度过大等。

2. 室外温度低于 20 ℃，必须提前（1~2）d 增温，使育雏室内温度达 30 ℃ 以上，持续 12 h，以提高墙面温度，这样才能进雏苗。若难达此温度，必须采用盖模保温，高度为 40 cm，再添保温灯加热，保温灯加热可自行适应雏苗。

3. 准备好开食用的药品或保健品，开食用的料桶和水桶，瓢、盒、桶、拖把等工具和其他饲养用具等。

4. 检查门窗是否漏风，换气扇是否工作正常，检查窗户的纱窗是否完好，防止苍蝇、蚊虫进入育雏室。

5. 对育雏室进行多次消毒（熏蒸（1~2）次），至少应选择两种以上的消毒剂对育雏室进行多次交替消毒。消毒液浓度要达到标准，消毒液水量要充足，消毒才能彻底。在门口准备消毒池和消毒洗手液。育雏室门口要备有提供更换的衣服和拖鞋，管理人员进入育雏室一定要换衣换、鞋，并洗手消毒。

6 进雏时，保持室温（32~35）℃；对无用的东西要全部清理出育雏室，保持室内干净、整洁，无积水，无灰尘，无苍蝇、蚊虫等。

二、进　雏

1. 开　水

开水就是雏鸡的第一次饮水。雏鸡一旦饮水，说明体内消化功能正式启动，就必须通过采食获取营养以维持生命代谢。雏鸡从蛋壳出来，靠体内的卵黄维持生命，靠卵黄中的抗体抵抗疾病，它在没有饮水的情况下，可维持（6~15）d不死，然而开水后如果没水没料，特别是缺水，可在几个小时内死亡。

对新进雏鸡苗要清点数量，做好记录，按规定数量放入育雏网床（或笼）中。待（1~2）h后开始喂水，即"开水"。饮用水用3/10 000的高锰酸钾溶液，置于喂水的小桶中，水量为正常水桶容水量的1/10左右，让雏苗自由饮水，开水的水温以（20~25）℃为宜，不能过低。由于受长途运输和环境温度等影响，必然会产生较弱雏鸡苗，对不吃水或没找到水吃的雏鸡，应进行人工调教，将雏鸡的嘴按到水中（2~3）次。

刚到的鸡苗打盹、不喝水、不吃料的原因是运输途中温度低或受凉，应提高舍温（1~2）℃，诱导鸡苗喝水；若温度不高，雏苗又张嘴呼吸，这是室内熏蒸气味太重或真菌细菌感染所致，应该用1%的硫酸铜溶液喷洒地面以控制真菌，再饲喂抗生素。鸡苗弱，腿爪干燥是因脱水引起，应增加饮水量，同时增量添加电解多维或速补。对不吃水的弱雏采用人工补充营养液，即用滴管滴于雏苗的鼻孔中，每只滴（4~6）滴，滴鼻用的营养液一般用10%的葡萄糖加多维再抗菌药。每毫升营养液大约可滴（3~4）只。配营养液时不宜配得太多。没用完的营养液要放好，可为弱雏或有病的雏苗补充营养。

（1）鸡苗对网床有一定的适应后，开始喂高锰酸钾水，饮完后（1~2）h，再饮用葡萄糖和开口药，葡萄糖按5%浓度添加于开口药水中，以加速雏鸡体能的恢复，减少残次弱苗数量，降低死亡率。葡萄糖饮水只用一天，不超过24 h，否则会钝化鸡的肠道发育，影响鸡的正常生长，降低鸡的抗病力等。5%的葡萄糖水与开口药和多维混合一起喂，（1~7）d的饮水最好用凉开水。

（2）运雏的纸箱，要搬出育雏室集中进行无害化处理，杜绝乱丢乱放，或另作他用等。对运输过程中死亡的苗，要进行无害化处理。

（3）打扫育雏室，清理走道。一般用湿拖把或湿扫把清理舍内卫生，避免扬起灰尘。对刚使用过的用具物品要进行清洗消毒。育雏室、走道等，应每天消毒 1 次。

2. 开　食

待鸡饮水（2~4）h后，开始喂开口料。开口料以碎碎料为好，若是较粗的颗粒料，需要捣碎，因为刚出壳的鸡小，颗粒大了吃不下。（1~5）d 按旧院黑鸡用药程序使用开口药，以进一步清理肠道，净化机体，阻断疾病的垂直传播。

3. 断　喙

断喙一般在（7~10）日龄进行，可防止啄羽、啄趾、啄肛等，另外还能减少饲料浪费。断喙部位：上喙从尖端到鼻孔 1/2 处，下喙剪断 1/3，俗称"地包天"（见下图）。

断喙前　　　　　　　　　　断喙后

断喙前后 2 d，饮水或饲料中应加入维生素 K 和抗生素。

断喙后数天内，在料槽中加入较厚的饲料层，避免雏鸡啄空料槽使伤口感染。如果此时需使用抗球虫药，则在饲料消耗未恢复到正常之前，采用饮水投药。

三、旧院黑鸡育雏管理

现代化的养鸡就是用现代化的手段创造适合于鸡健康生长发育的环境条件，从而达到安全高效养殖的目的。这是一种规模化和自动化水平较高的养殖方式，鸡场实施全进全出、封闭式管理，鸡舍内的设备实现自动供料、自动供水、风机通风、电脑自动控温、湿帘降温的自动化控制系统。小规模养鸡硬件虽达不到这种要求，但在管理上都是大同小异的。

旧院黑鸡管理的八大要素，如下图所示。

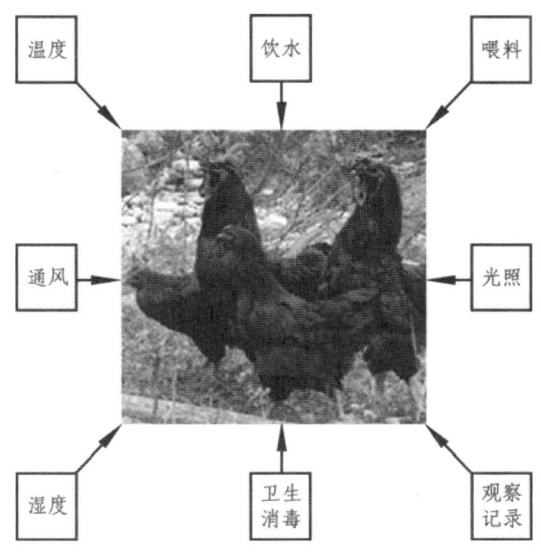

1. 温　度

现代旧院黑鸡健康养殖模式中，舍内温度的控制主要是依赖加热系统和通风系统来控制，烟道、暖风炉、电热等是常用的加热方法。如下图所示。

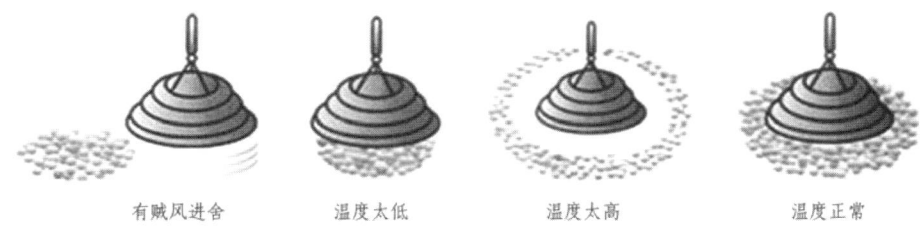

有贼风进舍　　　温度太低　　　温度太高　　　温度正常

温度是养鸡成败的关键条件，尤其在育雏期，提供适宜的温度是提高成活率的关键措施。在养殖过程中，随着旧院黑鸡的生长发育，对环境温度的要求会逐渐降低。刚出壳的雏苗，对外界的适应能力差，第一天必须保持（32~35）℃的室内温度，前三天保持30 ℃以上，不得低于29 ℃因为温度低对雏鸡的生长不利，会使雏鸡卵黄吸收不好，对后期生长发育和免疫影响很大。以后每周降2 ℃，3周降至25 ℃，不得低于22 ℃，4周降到20 ℃左右或自然温度。温差变化的控制从开始（1~2）℃变为后期不超过3 ℃。5周后至出栏的饲养过程中，温度（21~24）℃为最佳温度。温度管理必须做到防寒避暑，建立适合雏鸡生长的环境温度，这是育雏管理的关键。在育雏管理中，温度计只作参考，温度计本身的误差和放置地方的不同也会存在较大的差异。鸡的品种不同，对温度的要求也有一定的差异，长得快的对温度要求要高些。

表 4-1 旧院黑鸡温度与日龄对比参照表

日龄（天）	1~3	4~7	8~14	15~21	22~28	29~35	36 以上
温度（°C）	33~35	30~32	27~29	25~26	23~24	18~22	20—常温

注意事项：

（1）适宜温度下，雏鸡活泼好动，食欲旺盛，睡眠安静，睡姿伸展舒适，鸡只分散均匀。

（2）温度过低，表现行动迟缓，颈羽收缩直立，夜间睡不安稳，常常发生尖叫，鸡群密集向热源靠近，相互积压成堆。

（3）温度过高，雏鸡张嘴喘气，远离热源分布，精神懒散嗜睡，食欲下降，大量饮水，增重缓慢。

（4）控制温度的原则是：初期宜高，中期平稳，后期宜低。中期每天温度变化幅度不超过 2 °C，切忌温度忽高忽低，尤其在 10~28 天，鸡的羽毛还没长全前，降温一定要谨慎。

（5）昼夜温差不能过大，温度要平稳下降，同时鸡舍各部位温度要均匀，差异不宜大于 2 °C。

（6）遇到天气突变（如大风、降温、下雨、下雪等）时，要及时补温，否则骤然降温对鸡群是很大的应激。

（7）免疫、扩群、鸡群生病时可适当提高舍温。

2. 喂 料

喂料是养殖管理的关键环节。喂料要让所有的鸡都能吃到料，就必须有足够的料桶和食槽，必须做到定时定量，换料时饲料要平缓过渡，减少应激是关键。喂料管理要注意的问题是养殖的密度，密度过大，料桶、食槽不够，鸡采食拥挤，找不到饲料，造成雏鸡生长不整齐，病弱苗增多。

1）喂料次数

雏鸡第一周要使用优质合格的饲料，自由采食，每天添料（5~6）次，从第二周开始，减为喂 4 次，而且给正常采食量的 70%~80%。要定时定量喂料，使鸡形成条件反射，切忌随意变更喂料时间和次数，导致鸡的消化功能紊乱。第5周以后，正常供料，自由采食，可补偿前期限食而减少的体重。这样鸡的整齐度较高，发病率低，饲料回报率高，而且大大减少鸡的猝死综合征和腹水症。典型生态养殖从第5周开始改喂4次，2个月后喂3次，10周后喂2次。

料桶、食槽和料盘的数量，要分布合理，以保证旧院黑鸡有足够的采食位置。不可为了节约资金而减少料桶、食槽和料盘数量，造成分布不均匀及断料问题出现，进而导致鸡的重量不均、疾病增多等诸多问题发生。后期随着鸡采食量的增加应适当增加食槽（桶）等，食槽（桶）要定期清洗。食槽的位置也很重要，要让鸡找得到，够得着，不浪费，不被粪便污染，因为粪便里致病菌最多，鸡吃了被粪便污染的料，细菌病毒性疾病的发病率比正常要高出（20~30）倍，球虫发病率高100倍有余。生态养殖由于粪便臭味少，而鸡是依气味和感官采食，往往会把粪便当成饲料而食，因此养殖模式上多采用网床饲养，而不宜采用地面或垫料饲养，这是生态养殖与普通养殖方式的重要区别。

要根据鸡的大小更换合适的食槽（桶），以保持食槽中料的新鲜度。要吃完再添，也不能添加过多造成浪费；投料量是食槽容量的1/3，否则会造成饲料的浪费。如果笼养育雏，食槽不足时，可全程自由采食。

2）换料过渡

普通饲料在（4~5）d过渡完成，生态饲料在（7~10）d过渡完成，如果太快，对鸡的应激就会增大，进而影响其生长，诱发疾病。

3）饮　水

保证清洁充足的饮水是养殖成功的关键。

水对雏苗来讲，比料还重要，因为水是生命之源。雏苗开水后，体内的营养代谢系统启动，这时只要缺水超过12 h（高温天气5 h）就会导致雏鸡的死亡。育雏期更要保持饮水的干净卫生，对饮水必须进行消毒或用凉开水；对饮水中的杂质进行过滤处理；要保证饮水的正常供应，每次换水都要清洗水桶或水池，特别是用药后更要清洗，因为药物之间会发生化学反应，降低药效，产生毒素等。水桶在使用时由于高度的影响，残留的饲料较多，要求每天清洗1次。另外，水桶供水时间一次不超过8 h，即要求8 h内饮完。

饮水包括自来水，消毒可阻断饮水过程中的疾病传播，有效降低病毒性疾病的发病率。

【知识拓展】

饮水管理要注意的问题：

（1）饮水中杂质沉淀物的处理。对有杂质、沉淀物的先要过滤处理，再放入沉淀池中让杂质沉淀呈清亮水，方能为雏鸡饮用；如果沉淀物太多，只能烧开水供雏鸡饮用，这种水的硬度、pH值、细菌总、亚硝酸盐、硝酸盐、硫酸盐等都达不到雏鸡饮用水标准。

（2）不饮水就必须消毒，中大鸡用自来水或添加生物制剂后不消毒。

（3）饮水器的清洗，特别是投药后应及时清洗药垢，水管线更容易结垢。要掌握乳头饮水器的漏水和堵塞的处理办法，防止缺水、漏水。

（4）加药器或加药用完后每次都要清洗，以保持水的干净状态。

（5）鸡场用水最好送卫生防疫机构检测，确保符合鸡场饮用水的各项指标，否则应采取改进措施。

3. 光　照

1）光　源

雏鸡要求采用白炽灯，白炽灯的光谱更接近太阳光，适合鸡的生长，但白炽灯比较费电，维修费用也高，因此常使用节能灯。育成或育肥期可用节能灯，但一定要选暖色的节能灯（光线偏黄的），即暖光灯，不能用冷光灯，冷光灯会影响鸡的正常生长发育。节能灯的好处在于寿命长，节能，光线由弱变强，对鸡的应激小，特别是间歇光照。

2）强　度

光照强度要求（10~151）x，相当于15 W的灯泡在1.5 m高处的光照强度。白炽灯要求每平方米（3.3~3.5）W，灯高一般2 m，灯距3 m。一周龄内要求每10平方米（45~60）W的灯泡，（2~4）周龄改换25 W的灯泡，5周龄起换（15~20）W灯泡即可。光线强了，鸡会兴奋，容易诱发打斗、啄羽等怪癖；光照不够，影响采食，影响鸡体对维生素D的吸收，影响钙、磷的代谢等。第一周需强光照，以后逐渐减弱光照。

3）光照方式

（1）连续性光照。

第1~5天24h光照，5日龄后每天23h光照，1h黑暗，这样可使鸡群习惯于黑暗环境下的生活，不致因偶尔停电造成惊吓应激。

（2）间歇性光照。

（1~5）日龄全天24h光照，5日龄后1h光照，3h黑暗或2h光照，3h黑暗交替进行。这种方法既省电又可获得较高的增重，饲料回报率高。

（3）混合光照。

将连续光照和间歇光照混合应用，如白天依靠自然光连续光照，夜间施行间歇光照。要注意白天光照过强时需对门窗进行遮挡，尽量使舍内光线变暗些。

（4）限时光照。

前3天24h光照，第四天自然天黑（2~3）h开灯，以后逐渐减少光照时间，到8日龄后达到15h左右。晚上光照时间为上半夜8~10点，下半夜1~3点。

【知识拓展】

现代标准养殖场一般采用间歇光照，你知道吗？那么间隙性光照的优点是什么呢？

（1）增加旧院黑鸡的活动量，改善旧院黑鸡腿的健康；

（2）降低旧院黑鸡早期生长速度，有利于改善旧院黑鸡的心血管功能，从而降低腹水症和猝死症的发病率；

（3）减少饲料浪费，提高饲料转化率；

（4）有利于节能减耗；

（5）有利于安排鸡群的用药饮水。

间歇光照有哪些注意事项呢？

（1）在开灯后，要使所有的鸡都能立即吃到饲料和饮到水；

（2）保证药物在熄灯前饮完；

（3）在使用间歇光照前，旧院黑鸡7日龄体重必须达标。

4. 湿　度

相对湿度是旧院黑鸡生长中至关重要的一项环境指标，同时又是极易忽视的问题。适宜的湿度会使雏鸡感到舒适、食欲良好、发育正常。鸡舍相对湿度（%）第1周控制在：65%～70%；第2～6周为：50%～60%。

干燥时病菌会随灰尘一起进入鸡的呼吸道，这是鸡舍内传播呼吸道疾病的主要途径。所以鸡舍湿度低时，一般采用舍内消毒的办法增加湿度，以减少舍内空气中的灰尘，降低灰尘中致病菌的含量。然而过湿也不利于散热，而有利于环境中病菌、球虫的繁殖生长，同样也会诱发多种疾病。因此保持适宜的湿度是减少疾病发生的重要措施之一。

湿度与温度有着紧密的关系，温度与湿度必须相互协调。其他动物会通过呼吸道或皮肤蒸发水分，散发体内热量，而鸡没有汗腺，只能通过呼吸来排除体内多余的热量。高湿会使蒸发量减少，导致鸡的体内温度增加，张口呼吸加大，生长受到抑制，容易造成中暑。

表 4-2　旧院黑鸡育雏温度和湿度关系

日龄	不同湿度下的理想温度			
	50%	60%	70%	80%
1	33.0	30.5	28.6	27.0
3	32.0	29.5	27.6	26.0
9	29.7	27.5	25.6	24.0
21	22.0	22.0	20.5	19.0

注：（1）免疫、扩群、鸡群生病时可适当提高舍温。在温度适中而湿度过低时（如第一周的相对湿度低于50%），鸡体感觉温度低，易发生扎堆现象，造成鸡体水分散失增多，卵黄吸收不良，绒毛干枯，脚趾干瘪脱水，雏鸡易受粉尘侵袭而患呼吸道疾病。

（2）低温高湿，舍内既冷又潮，机体散热太快；湿度过大也为细菌、球虫等寄生虫创造了良好的环境，鸡群易得感冒和肠炎。

（3）高温高湿，易因鸡体内热量不易散发而闷气，食欲下降，抵抗力下降，生长缓慢，造成热应激。

（4）育雏期湿度如果太低，要及时加湿，可用喷雾器向舍内墙上、暖风带及烟道下面喷洒清水或消毒剂，或者通过暖风炉向鸡舍内吹热湿气，也可用雾线喷雾加湿。雾线加湿一次加水不能过多,防止温度下降太多,舍内过湿。加湿要用温水,少量多次喷洒,尽量减少应激。如果湿度过大,会导致室内潮湿,氨味过大,此时可提高温度,加强通风,最好选在中午或天气暖和的时候进行。

(5)季节不同,湿度的控制也不同。夏秋季雨水多,空气中的湿度本身就大,前期一般不需加湿;冬春季节气候干燥,前期需要加湿。

5. 通 风

通风与湿度一样,往往被养殖管理人员所忽视。

通风是排除多余的热量和空气中的水分,调节鸡舍温度、湿度,提供新鲜氧气,排除有害气体(如二氧化碳、氨气、硫化氢等)、粉尘等,降低呼吸道疾病及其引起的继发病。这是因为空气中有害物质和有害气体增多,含氧量降低,鸡的生长发育受到很大的影响:污浊的空气可使生长速度降低50%,发病率增加几十倍。

雏鸡的生长速度快,体内代谢旺盛,需要大量氧气,若通风不好,会使其生长受阻,甚至导致各种疾病发生,因此保持室内空气新鲜,防止氨气等有害气体中毒,通风是重要的措施之一。通风与保温是相互矛盾的,要协调好两者的关系。育雏期以保温为主,通风为辅;育雏后期以通风为主,保温为辅;夏季以通风降温为主,冬季以保温为主。通风前提是要有温度,必要时可先提温后通风。

通风有自然通风和机电通风两种方式。自然通风必须是室内温度与室外温度等同,或室外温度低于室内温度(5~8)℃时。当外面温度过低时,室外冷空气直接进入室内,造成鸡只受寒,室内结露,湿度升高,只有增加室内温度,适当通风,才能改变舍内状况。当室外温度过高时,热空气吹进鸡舍会造成舍内过热,这就必须采取湿帘降温,或通过喷洒水雾降温。

6. 卫生消毒

养殖能否成功的关键在于:一要有优良的品种,二要有良好的环境,三要有优质的饲料。由此可见环境卫生在养殖中的重要性。有很多养殖业者,虽然使用了最好的饲料,也大量使用了药物预防,又没有生病,但生长速度就是不理想,其根本原因就是环境中的致病菌太多,动物会利用大量的能量、蛋白质、氨基酸、维生素和微量元素等用于产生抗体、活性氧基,以攻击病原体，抑制病原微生物，这样用于生产的就减少了，生长放慢，这也就是我们所说的又吃得又不长肉的原因。环境卫生必须通过消毒来改善。

下面介绍环境卫生要求：

舍内及走道卫生，每天打扫（1~2）次，保持地上无灰尘、无杂物，室内不得乱丢杂物、乱放物品。对不用的物品要一律清除，继续使用的东西分类放置，这样才能达到干净整洁的效果。扫地前最好先用消毒液喷洒消毒剂湿润地面，防止扫地时扬起灰尘，也可用湿拖把打扫。由于水线水桶等漏水等，导致粪水流淌的，要立即清理。粪便要（3~7）d清理1次，热天更要勤。另外，还要做好灭蚊、灭蝇和灭虫，定期清除蜘蛛网等，因为苍蝇、蚊虫等是疾病传播的主要途径。

（1）环境消毒：消毒的目的是杀灭环境中的致病菌，减少尘埃中的带菌量。病疫期每天消毒2次（其中一次带鸡消毒），其他时间每两天1次；若地面不平整光洁、灰尘较多的，要增加消毒次数，以保证有足够的消毒液杀灭致病菌，千万不能走过场。环境消毒包括走道、舍内全部位置和用具等。门口的消毒垫要保持有足够量的消毒液，洗手液要选择低毒安全的消毒液，浓度不能过高，以免伤手。进入育雏室必须洗手消毒，脚踩消毒液，同时在育雏室用过的用具和物品也要消毒处理。

（2）带鸡消毒：养殖场里鸡是群居生活，疾病的横向传播是由鸡只间相互进行的，带鸡消毒是有效控制疾病传播的方法。带鸡消毒：夏天（2~3）次/周；冬天（1~2）次/周，选择低毒消毒剂和雾化好的喷雾器。雏鸡的带鸡消毒，是将消毒剂和治疗呼吸病抗生素交替进行喷雾消毒处理。

（3）对鸡舍周边环境也要进行清理消毒，更要注意顺风口以外的地方，不但要消毒，还要进行堵隔避风处理，外部的尘埃不能进入鸡舍。

7. 观察记录

每天都要观察雏苗的吃料饮水情态、精神状态、活动情况、粪便情况、水桶水杯的水位情况等。若出现弱苗，要剔出来单独饲养，人工辅助喂水喂料；若出现病雏，要分开饲养观察。对精神活动不好，吃料突然下降，粪便变稀、变色的，应找出病因，采取措施，及时上报。

记录每天饲料的品种和用量、投药、饮水、温度变化、发病死亡、用药效果、消毒卫生、粪便、观察结果和舍内一天所发生的事情。记录要描述，描述得越细越好，不能只记录"正常""不好"或者"有问题"等。

观察就是做到"一听,二看,三查"。

一听:听呼吸,一般在晚上关灯后,若能听到气喘、咳嗽、气管咯音、吱吱声等,说明呼吸道有问题;听叫声,健康雏禽鸣声小、清脆,叫声大的雏鸡必然是有问题,叫声嘶哑或间杂呼吸咯音、呼噜、怪叫声是疾病感染的表现。

二看:看精神状况,看粪便,看眼睛。

看精神状况,健康的雏鸡精神活泼,听觉灵敏,白天视力敏锐,周围稍有惊扰便伸颈四顾,甚至飞翔跳跃,翅膀收缩有力,紧贴躯干,行走稳健;而精神沉郁,两眼半闭,缩颈垂翅,尾羽下垂,蹲伏不动、吸气困难、张口呼吸和关节肿胀的都是病雏,要能够准确分辩。

看粪便,正常家禽的粪便中混有尿的成分,盐酸盐为白色,附于粪便外表;刚出壳尚未采食的幼雏,排出的胎粪为白色或深绿色稀薄液体。成年鸡正常的粪便呈圆柱状、条状,多为棕绿色。一般在早晨单独排出来自盲肠的黄棕色糊状粪便,有时也混有少量的尿酸盐。粪便出现异常往往是疾病的征兆:白色、红色、黄色、肉红色、绿色、黑色、水样、硫黄样、饲料便等都是不正常的粪便。

看羽毛,羽毛是家禽皮肤特有的衍生物,刚出壳的雏禽体表覆盖有均匀纤细的绒毛;成年健康家禽羽毛紧凑、平整、整洁、光滑且富有光泽。病禽则羽毛逆立、蓬松、污秽、缺乏光泽、翅羽下垂等。

看眼睛,家禽的眼睛包括上下眼睑和第三眼睑以及眼球等。检查时应首先观察眼睛的形状和清洁度,健康家禽的眼睛圆而有神。其异常变化为:眼睛扁无神,眼睑肿胀、流泪、结膜充血、潮红等。

三查:查光照、通风、保温,查吃水、吃料是否正常,查是否缺水、漏水等,查育雏舍内外的卫生以及水、食槽是否清洁干净,查水料是否污染、变质。雏鸡群突然减料而看不见症状,必然是感染病毒病;饮水突然增加,除饲料和环境外,必然是细菌性肠发炎。当然换喂生态饲料,饮水也会增加,粪便会更湿,这与病态要加以区别。

8. 旧院黑鸡育雏注意事项

(1) 防止温度过高或过低,温差过大。超过 35 ℃,就会引起脱水。温度过低,影响卵黄的吸收,使其生长发育不良,免疫抗病力弱,容易生病。育雏期,温差变化大于 5 ℃时,严重影响雏苗生长。温差变化大,温度过低,都会引起感冒,诱发支原体感染,产生一系列继发病,这是造成养殖失败的根本原因。

(2)防止水道、接头、乳头、水杯漏水。水杯水位过高,乳头的水压过大,水易漏入接粪板或食槽,导致地面积水,若室内温度高,通风不好,就会造成湿度过大。如遇投药,就会浪费进而导致药量不足,达不到治疗效果。由于漏水,致使蒸发量加大,室内温度降低,或升温困难。

(3)防止饮用水不卫生和缺水。清洁卫生的饮用水为雏苗生长发育提供保障。另外还要保证水管畅通和不漏水。因为不卫生的饮用水是诱发多种疾病的根源,因此要做好水桶清洗和饮水消毒工作,这是饲养管理的重要内容。

(4)防止粪便过多。粪便过多,容易产生氨气、硫化氢和氧化氮等有害气体,特别是夏天,因此冬天1周左右,夏天3 d左右就要清理粪便。当然,这要根据室内的温度、粪便含水量及养分和有害病菌量等确定。

(5)防止投料过多。一方面,投料多,鸡就会挑食,将更多的饲料啄于外面,造成浪费;另一方面,若饲料在食槽的时间长了,会沾水而变质,特别是夏天,几个小时就变馊。另外,食槽中的饲料会因多种因素造成污染,加速病菌的横向传播。一般以1/3为佳。

(6)防止湿度过大或过小。湿度大有利于病原菌的繁殖,发病率高,特别是球虫等;过于干燥,容易产生灰尘,疾病通过灰尘进入呼吸道,如有支原体感染,经过被破坏的黏膜进入内部器官,引起包心包肝等。南方地区,阴雨潮湿天气较多,在没有高温的情况下,湿度不会过高或过低。

(7)防止乱丢乱放,保持清洁、整齐。用具、拖把、扫把、桶、瓢、盒、温度计、记录本等摆放整齐,不用东西一律清理出舍内。因为一切物品都是病菌藏身之处或携带者,减少物品量,就是减少病菌量。

(8)防止把消毒当儿戏走过场。消毒不彻底,出现死角,会导致疾病漫延。把消毒当儿戏包括消毒剂的选用不对,消毒剂的用量不多,消毒剂的喷洒量不够,消毒剂喷洒的地方不到位,消毒次数不够,水温过高或过低。

(9)防止网床笼子上的利器伤害雏苗。雏苗的正常活动、被捉弄和惊吓都会使雏苗受到挤压,其头伸出笼外被卡住,等等,这些均会导致雏苗受伤和死亡。另一方面,由于受伤,病菌会从伤口进入鸡体,导致多种疾病的发生。如多数金色葡萄球菌就是从伤口入侵造成葡萄球菌关节炎、关节肿的,而且内有浓。

(10)防止进入育雏室时不消毒、不洗手和不更衣。这是人为传播疾病的主要途径。

（11）防止投料投药的随意性。投药的剂量不准，搅拌不均匀，都会导致治不好病或者中毒。药的品种多，疗效不一，药物的中毒剂量差异也很大，有的中毒剂量是几百倍，有的不到1倍。如球虫药盐霉素，每吨用量60克，用70克就开始减料，奎乙醇、痢菌净等，超1倍就会造成严重的中毒。雏鸡要用低毒药物，不宜脉冲给药。

（12）防止观察记录走过场。不认真观察，不认真记录，病情开始出现时没有被及时发现，导致疾病继续传播发病，错过最佳治疗期。

（13）防止密度过大。鸡的饲养密度取决于目标体重、屠宰日龄、鸡饲养期的气候与季节以及通风系统。在炎热气候的控温鸡舍，出栏前鸡群密度不应高于（25~30）千克/平方米。密度过大，影响采食，鸡群排出的污染物多，空气污浊，毛色差，生长受阻，抗病力差，导致疾病流行。如表4-3、4-4所示。

表4-3　饲养不同体重与饲养密度（最大只数）

体重（kg）	雏鸡	0.5	1	1.5	2	2.5	3	3.5
网床	50	30	25	20	15	12	9	7
笼养	60	40	30	25	17	12	10	8

表4-4　生态养殖网床饲养密度

周龄	1	2~3	4~5	6~出栏（转群）
网床	45	25	20	10~13
笼养	50	30	25	12~15

（14）防止换料转群应激。换料、转群对鸡的应激较大。特别是转群，由于环境变化，导致鸡轻则影响生长，严重的体重减轻、应激发病。因此必须高度重视。

（15）防止人为传播疾病。饲养人员投料加水、打扫卫生、清理粪便，会使鸡处于一种紧张状态，进而影响鸡的生长发育；人体散发出的体味和抗菌肽，能抑制一切生物生长发育，也给鸡的生长带来不利影响，如果饲养人员长期与雏鸡接触，必然会导致雏鸡免疫力低下，疾病增多。因此，为了保证良好的生长环境，应尽量减少饲养人员对鸡的干扰，减少饲养人员频频进入鸡舍；养殖人员的服装也很重要，应穿固定的工作服，不穿奇装异服。另外，还要禁止外部人员参观，以降低疾病的传播。在养殖过程中，90%以上的疾病是通过人为传播的，因为人的衣服可吸附环境的所有病菌，人皮肤的金色葡萄球菌很容易导致鸡的葡萄球菌关节病。

四、中雏鸡的培育

中雏鸡就是育成期的鸡。育成期的特点是生长迅速，也是鸡骨骼发育的主要阶段。此期管理的重点应使鸡体格得到充分的发育，育成强健而高产的鸡群。培养方式根据饲养规模的大小、场地、鸡舍情况、投资和劳力的多少，育雏的批次等来考虑，主要有以下几种培育方式：

1. 平养

地面全部铺设垫料，料槽和饮水器应当在舍内均匀分布，使鸡吃食与饮水的距离一般不超过3米远为宜。对60～70日龄的中雏鸡应进行第一次支原体和鸡白痢检疫，这个时期前后还应做新城疫IV系疫苗接种和驱除内部寄生虫。

2. 栅养和平养结合

在八周龄前，一般把料槽和饮水器放在垫料上；八周龄后，将料槽和饮水器逐渐撤去，诱使中雏鸡习惯和适应板条上的生活环境。

3. 栅养

中雏鸡开始在板条上饲养时，由于突然改变环境，较易受惊，同时板条上的温度较垫料上低，因此，要谨防它们拥挤与集堆。

4. 笼养

中雏鸡的笼养有两种鸡笼，一种是专用的中雏鸡笼，一种是幼雏-中雏综合鸡笼。

5. 放牧饲养

中雏鸡的放牧饲养一般在二月龄左右开始。育成鸡放牧饲养有以下优点：一是宜于雏鸡发育。尤其在春夏之际，田野气候适宜，阳光充足，地面宽广，饲料资源丰富，这是保证中雏正常发育的良好环境。二是减少疾病的侵袭。放牧饲养的中雏鸡，体质健壮，抗病力强，育成率高。三是节省饲料。中雏鸡在田间除食用大量的野生饲料外，每逢农作物收获期间，还捡食散落谷粒，这样可减少一部分日粮用量，节约开支。缺点是只适宜于中型规模饲养，不能搞机械化，管理定额不高，不能进行无病控制，且限于一定的环境条件。

五、大雏鸡的培育

大雏鸡的生长发育速度较中雏鸡缓慢，日粮可多给谷类饮料，精蛋白质可降低到 12%。（5~6）月龄，进行第二次鸡白痢检疫和第二次驱虫。笼养的大雏鸡，必须注意调整密度，防止拥挤。一般在 17 周龄转入产蛋鸡舍以适应新的环境。

任务三　种鸡的饲养管理工艺

一、种鸡的饲养密度与选择淘汰

1. 饲养密度

有运动场的地面垫料舍饲：舍内地面，冬铺垫草、夏铺干沙，每平方米养（4~5）只。

无运动扬的地面垫料或网架全舍饲：每平方米养（5~9）只。

笼养：每（40~50）cm 长隔成的小笼养（3~4）只。

2. 饲养营养要求

主要要求饲料营养全面、丰富、稳定，不要随意改变饲料配方；一般以粉料为好；全天供水，水温应冬温夏凉；饲料中含的能量和营养必须满足鸡生长和繁殖的需要。

3. 种鸡的选择与淘汰

1）根据外貌与生殖特征进行选择与淘汰

（1）种用雏鸡。

鸡体重和生长速度与（6~8）周龄的鸡体重和生长速度有较强的相关性，旧院黑鸡种雏的选留应在（6~8）周龄进行，先留生长迅速、体重大、黑羽、乌皮的雏鸡，淘汰所有生长缓慢、外貌和生理有缺陷的雏鸡。

（2）种用育成鸡。

选留体形结构、外貌特征符合品种要求，外貌结构良好，身体健康，生长发育的育成鸡，淘汰发育不全（眼瞎、跛脚、伤残）和消瘦的个体，时间在（20~22）周龄进行。

（3）成年种鸡。

成年种鸡选择一般应在早春或秋季进行。早春选留有利于合理组织春季繁殖的分群配种工作，秋季选留有利于对完成一个产蛋年或72周龄产蛋量的成年鸡进行鉴定。选留原则：一是外貌具有明显的旧院黑鸡特征，身体健康，结构匀称，发育正常，性情温驯，活泼好动，觅食性强，公鸡还应具有雄性特征；二是对产蛋鸡除用其7周龄产蛋量去衡量外，还要注意触摸品质和腹部容积，即皮肤细致柔软，有温度，有弹性，腹部容积大，而趾骨末端柔薄，有弹性；三是换羽，一般低产鸡换羽早，常在夏末秋初开始，换羽时间持续长，而高产鸡换羽迟，常在秋末或冬初进行，换羽迅速。

2）根据记录成绩选择与淘汰

此法能准确地选优去劣，准确选出具有优秀生产性能并能遗传给后代的种鸡，但工作量较大。蛋鸡主要记录：产蛋量、蛋重、受精率、孵化率、蛋壳厚度与强度、雏鸡生活力、蛋形、性成熟期、蛋壳颜色、耗料比、抗病力等。肉鸡主要记录：7周龄体重、耗料比、屠宰率、身体结构、胴体品质、缺陷、冠型、羽毛生长速度、绒羽颜色、死亡率、双黄蛋、性成熟期、抗病力、蛋重、受精率、蛋壳品质、孵化率、入孵蛋等。

（1）根据本身成绩选择与淘汰。

记载项目根据育种目的而定，可以是单项，也可能是多项，甚至是全面记载，目的在于全面反映每一个个体性能，并以此作为选择和淘汰的依据。

（2）根据全同胞和半同胞生产成绩选择与淘汰。

同父同母的兄弟姊妹叫全同胞，同父不同母的兄弟姊妹叫半同胞。选择种鸡，尤其是选择种公鸡，由于其本身不产蛋，又尚无女儿产蛋，因此要鉴定它的产蛋能力，只有根据它的全同胞和半同胞的平均产蛋成绩来鉴定。

（3）根据后裔成绩选择与淘汰。

这是根据记录成绩来选择的最高形式，用这种方式选择的种鸡是最优秀的，能够把遗传品质真实地稳定地传给下一代。

4．育种技术

主要包括种鸡的编号、育种记录（产蛋记载表、谱系孵化记载表、编号表、雏鸡生长发育和成鸡体重登记表、死亡登记表等）、生产力的测定和计算（产蛋力：开产日龄、产蛋量、蛋重、产肉力，繁殖力：受精率、受精蛋孵化率、入孵蛋孵化率）。

二、旧院黑鸡种鸡的饲养管理

1．管理上主要应做到

控制好舍内温度和湿度；注意舍内通风；搞好舍内卫生；严格管理光照；注意保持环境安定；注意观察鸡群的健康状况、意外事故、产蛋情况等。

2．季节性管理要点

春季：疫病多发季节，应做好消毒和防病工作。

夏季：由于炎热，应注意通风，增加通风次数；设凉棚，全天供应清洁凉水，中午加喂绿青饲料；保持鸡舍清洁卫生，保持蛋箱清洁干燥，勤换垫料和窝草。

秋季：注意补足光照；加强防病；注意换羽，在换羽时增加蛋白质饲料；个别的高产鸡要进行强制换羽。

冬季：注意保暖，增加光照；提高饲料中的能量，提高蛋白质和钙的含量；减少通风，勤除粪、厚垫料，尽量使鸡舍保持干燥，晚上还应多补充一次粒料。

任务四　商品鸡的饲养管理

一、旧院黑鸡商品鸡的饲养方式

1．前期饲养方式

（1）地面垫料平养。垫料要求厚 10 cm。

（2）竹竿网架平养。这是提高旧院黑鸡成活率的关键。

（3）笼养与地面垫料平养相结合。（8~10）周龄前笼养（用育雏笼），后期实行地面垫料散养。

2. 后期饲养方式

旧院黑鸡商品鸡在上市前 10 周龄左右，采用全农家自产饲料饲喂、全放牧散养至 17 周龄，这是保证旧院黑鸡品质和风味不变的保障。

3. 实行全进全出制

前一批商品鸡出售后要彻底打扫，清洗、消毒后密闭一周，再接养下一批。

二、旧院黑鸡商品鸡饲养管理

1. 营养水平

4 周龄以前应用高蛋白质、低能量饲料。4 周龄后逐步改为低蛋白质、高能量饲料。蛋白质 23%~19%，能量（3.1~3.3）兆卡/公斤。

2. 加强早期喂饲

出壳后立即入舍，立即喂水。水盆应放在接近热源处。最初两天水温应达 24 ℃，第三天开始逐渐降温，且水中最好加 5%~10% 的葡萄糖或蔗糖、维生素 C 0.1%（即 50 L 水加糖（2 500~5 000）g，维生素 C 50 g），喂水 3 h 后，开始教食、开食。食盘放在光线最强处，开食后(1~2) d，在配合饲料上撒碎玉米或碎米以防止消化不良，而且要多喂颗粒料，注意不要喂霉变饲料，适口性也要好。

3. 严格控制温度

有条件的可安装自动报警控温器，使舍内温度适当，这样才能保证正常采食并吃够应吃的饲料量。如温度过高，会使鸡群采食量减少，影响生长。

4. 饮水净化

水的卫生是提高旧院黑鸡成活率的关键。可在水中加 3ppm（1ppm = 1×10^{-6}）漂白粉或用净水器过滤消毒喂鸡。

5. 防　疫

按防疫卫生要求做好防疫工作。定期用药拌料饮水，预防疾病，提高成活率和出栏率。

任务五　旧院黑鸡产蛋高峰期饲养管理

蛋鸡从 18 周龄起进入预产期、6 周后可达到产蛋高峰，这个时期的饲养管理是否符合鸡的生长发育和产蛋的要求，对整个产蛋期间的产蛋量影响极大。

一、旧院黑鸡产蛋高峰期生理变化

（1）育成鸡从 21 周龄左右进入产蛋鸡舍，体重迅速增加，生殖系统也迅速发育。鸟巢上的卵泡大量快速生长，输卵管也迅速变粗变长、重量增加，体重增长和生殖系统生长同时进行；从这时起部分鸡开始产蛋，发育好的鸡群产蛋率在 22 周龄达 5%，24 周龄达 50%，26 周龄达 80%，所以这个时期鸡对饲料中的各种养分和外界环境条件要求均十分严格。

（2）产蛋鸡进入预产期后，鸡的体内发生了很大的生理变化，无论是肉体还是精神上都处于一种生理应激状态，再加上转群、免疫、驱虫等影响，机体抵抗力明显下降，容易发生各种疾病。

二、产蛋高峰期饲养管理措施

1. 适时转群，按时接种、驱虫

蛋鸡入笼工作最好在 21 周龄前完成，以便使鸡尽早熟悉环境，因为过迟易使部分已开产鸡停产，或使卵黄落入腹腔引起卵黄性腹膜炎。应在上笼前或上笼的同时接种新城疫、减蛋综合征、禽流感及其他疫苗。入笼后最好进行一次彻底的驱虫工作，对体表寄生虫如螨、虱等可用喷洒药物的方式、对体内寄生虫可内服丙硫唑（20～30）毫克/公斤体重，或用阿福丁

（虫克星）拌料中服用。转群、接种前后在料中应加入多种维生素、抗生素以减轻应激反应。

2. 适时转换产蛋期饲料

为了适应鸡体重的增加、生殖系统的发育和对钙的需求，可在 20 周龄开始喂产蛋鸡料，22 周龄起喂产蛋高峰期料，同时在料中额外添加 1 倍量多种维生素。这个时期应当取消限制饲喂的方法，让鸡自由采食，在开灯期间槽中始终有料。

3. 适当增加光照时间

农村专业户养鸡在育成期多采用自然光照法，在 20 周龄时，如果鸡群体重达到标准，可每 2 周增加光照 30 min，直到产蛋率达到最高峰时光照总时数达到每天 16 h 为止。如果鸡群体重较轻，发育较慢，可在增加喂料的同时推迟到 22 周龄增加光照时间。产蛋期间光照的原则是：时间不能缩短，强度不能减弱。

4. 为鸡创造舒适的环境条件

产蛋鸡最适合的温度是（13~23）℃，冬季最好能保持在 10 ℃ 以上，夏天最好能保持在 30 ℃ 以下。保持室内空气流通，防止各种噪声；保持环境和喂料、饮水、光照等的稳定性。

5. 搞好疫病防治工作

（1）鸡入笼后在饲料或饮水中加抗生素，如诺氟沙星、环丙沙星、庆大霉素、丁胺卡那等，每（4~5）周投药一周，以预防大肠杆菌病、沙门氏菌病、肠炎等。

（2）定期在料中额外添加 1 倍量多种维生素，以适应鸡的产蛋需要和减轻各种应激反应，提高对各种病症的抵抗力。

（3）加强卫生管理，执行合理的免疫程序，坚持带鸡消毒和环境消毒制度，防止疫病传入。密切注意产蛋率的上升幅度是否符合标准条例，密切注意外界环境对鸡群的微小影响。

任务六　旧院黑鸡的饲料

一、旧院黑鸡常用饲料简介

1. 青饲料

指收割回来的青绿饲料，主要包括优质牧草、新鲜蔬菜叶及农作物嫩叶（枝）等。

2. 精饲料

指农作物籽实（粮食）和动物饲料，主要包括玉米、小麦、豆类等农作物籽实及其副产物和鱼粉、蚕蛹、血粉等。

3. 粗饲料

指含纤维高的饲料，主要包括青干草、酒糟、甜菜渣等稿秆作物饲料，这类饲料纤维含量高，不可多用，要求新鲜，幼鸡少喂。

4. 特殊饲料

指矿质饲料和维生素饲料，主要包括贝壳、石灰石、蛋壳、骨粉、磷酸钙、食盐、砾粒等，未使用添加剂的鸡场，维生素主要来源于青饲料和青干草。

二、旧院黑鸡饲料参考配方

1. 小鸡配方参考

6周以内雏鸡：玉米40.5%、小麦20%、麸皮10%、大豆饼20%、鱼粉7%、骨粉2%、食盐0.5%。

2. 育成鸡配方参考

14~20周育成鸡：玉米45%、杂粮11.5%、麸皮10%、大豆饼13%、鱼粉2%、骨粉2%、食盐0.5%。

3. 中鸡（肉用）配方参考

6~10周肉用鸡：玉米54.5%、杂粮10%、麸皮10%、大豆饼21%、鱼粉 2%、骨粉 2%、食盐 0.5%。

4. 成鸡（产蛋鸡）配方参考

产蛋鸡：玉米 45%、杂粮 10%、麸皮 10%、米糠 7.5%、鱼粉 5%、骨粉 0.5%、贝壳 6.5%、食盐 0.5%。

【职业能力拓展】

一、填空题

1. 生产记录需要填写的内容有 _____。

2. 为了缓解长途运输带来的应激反应，第 1 天可在饮水中加入_____，水装至饮水器的 1/3。为了保持饮水卫生，每天应更换 3~4 次，有条件的可用凉开水，切忌用温水饮水。

3. 育雏期温、湿度控制进雏第一天的温度应达到_____ °C。温度控制不要单一的要求度数，应看鸡调温，保持鸡群均匀分布到鸡笼，不要集中热源或远离热源。以后逐渐下降温度，以每天下降_____为宜。

4. 在限饲前，必须严格地挑出_____，因为它们不能接受限饲，否则可能导致死亡。限饲进行中，如_____等，应停止限饲，改为自由采食。

5. 从_____周开始，每周_____只鸡应给予不溶性砂粒_____，装在吊桶或投入料槽，砂砾不仅能提高鸡的消化能力，而且还可避免肌胃逐渐缩小。

6. 刚转群的鸡，可能拉白粪，但不久就会逐渐转为正常。要勤观察鸡群的_____等行为。

7. 种鸡配种的方法有_____、_____、_____。

8. 种蛋的适宜保存温度是_____°C，保存一周的种蛋宜在_____°C。

9. 种蛋保存的时间一般以_____天内最好，_____为合适。

10. 种蛋的消毒方法有_____、_____、_____。

11. 采用立体孵化器并分批交叉入卵时，可用_____孵化，最适宜的孵化温度是_____°C。

12. 孵化的相对湿度以_____为宜。出雏期间提高至_____°C。

13. 机器孵化时，每昼夜翻蛋_____次为宜，翻蛋角度要求达到_____。

14. 鸡的孵化方法分_____和_____。

二、选择题

1. 一般兼用型鸡的公母比例为_____
   A. 1：（10~12）　　　　　　B. 1：（8~10）
   C. 1：（12~15）　　　　　　D. 1：（15~18）

2. 保存种蛋一周以内的适宜温度是_____
   A. （8~18）℃　　　　　　　B. （12~13）℃
   C. （15~16）℃　　　　　　 D. （5~12）℃

3. 保存种蛋的适宜温度是_____
   A. （8~18）℃　　　　　　　B. （12~13）℃
   C. （15~16）℃　　　　　　 D. （5~12）℃

4. 保存种蛋的适宜湿度是_____
   A. 70%~80%　　　　　　　　B. 60%~70%
   C. 50%~60%　　　　　　　　D. 45%~50%

5. 胚胎发育的临界温度是_____
   A. 23.9 ℃　　　　　　　　　B. 37.8 ℃
   C. 37.5 ℃　　　　　　　　　D. 37.0 ℃

6. 人工孵化获得成功的首要条件是_____。
   A. 温度　　　　　　　　　　B. 湿度
   C. 翻蛋　　　　　　　　　　D. 通风

7. 种蛋入孵时间最好在_____
   A. 下午 4 时后　　　　　　　B. 上午 8 时前
   C. 中午 12 时左右

8. 从大头照鸡卵，可见明显的黑色眼点，似小蜘蛛状的胚胎周围分布着鲜红的血管网，此时是发育到了_____。
   A. (5~6) d　　　　　　　　　B. 11 d
   C. 15 d　　　　　　　　　　 D. 19 d

9. 大雏指的是鸡出生后_____
   A. （0~6）周　　　　　　　　B. （15~20）周

C．（7～14）周　　　　　　D．20周以后

10．肉用种鸡产蛋期的投料方法是_____

A．分（3～4）次投喂　　　B．早晨一次投喂

C．分（2～3）次投喂　　　D．自由采食

三、简答题

1．如何进行种蛋的选择？如何掌握？

2．育成鸡限制饲养注意事项有哪些？

3．种蛋孵化的条件有哪些？

项目五 旧院黑鸡常见病的防治

【学习目标】

1. 理解旧院黑鸡养殖场疫病防控方针；
2. 掌握旧院黑鸡常见的传染病、普通病的防治。

【知识储备】

任务一 旧院黑鸡疾病防控方针

旧院黑鸡养殖场不论规模大小，建场开始就应确立预防为主、治疗为辅的方针，落实预防为主的全部内容；做好雏鸡药物保护和预防接种工作。如果发生鸡传染病和寄生虫病，首先作好诊断，立即进行有效的治疗或淘汰，杜绝传染病的扩散，保护鸡群健康成长。

一、旧院黑鸡疾病预防措施

1. 不同类型的鸡舍（如幼雏舍、育成鸡舍），分别建在相隔尽可能远一些的地方，尽可能加宽各栋鸡舍之间的距离。
2. 不同种类和用途的鸡不要混群饲养，否则一些共患的疾病难以控制。
3. 坚持自繁自养，不轻易引进种鸡、种蛋，以防止引入的鸡种带来病疫。必须引进时，应先详细了解当地传染病和寄生虫病的情况，选已认定无传染病和寄生虫病的种鸡场，不宜引入成鸡，尽量引入种蛋或初生雏，引入的鸡必须隔离、检疫和观察一段时间后，方可放入场内，以免引进传染病和寄生虫病而造成严重损失。
4. 严格隔离饲养，尽量谢绝参观。鸡场应禁止非工作人员随便出入，外来人员有必要进入鸡舍时，要进行严格的消毒，参观时可以通过观察窗而不进入鸡舍。

5. 搞好饲料和饲养管理。要保证饲料的质量和饮水的质量，以防止传染病和寄生虫病的传入。

6. 搞好卫生和消毒，以减少和消除传染病和寄生虫病原及其孳生物。

【知识拓展】

你知道旧院黑鸡养殖场的消毒方式吗？你知道常用的消毒剂吗？知道它们的用途和常用浓度吗？

表 5-1　家禽常用消毒防腐药

药　名	用　途	常用浓度
氢氧化钠	鸡舍、鸡笼、非金属用具	2%～4%
石灰	粉刷鸡舍墙壁，撒布地面	10%～20%石灰乳
新消毒王	鸡场地面、器具的消毒	
高锰酸钾	清洗伤口，雏鸡清肠等	0.01%～0.02%水溶液
新洁尔灭	鸡笼、金属器具、皮肤创口等的消毒	0.1%～1%水溶液
来苏水（煤酚皂）	鸡场、鸡舍、鸡笼、鸡身、饮水等消毒	3%～5%溶液喷洒，1%～3%溶液消毒皮肤
臭药水（克辽林）	消毒鸡舍和用具	3%～5%
过氧乙酸	消毒畜禽活体或尸体污染的地面和用具	0.2%～0.5%
菌毒清、百毒杀	鸡舍、环境、器具、鸡身、育雏室及饮水消毒等	按说明书
福尔马林	鸡舍、杂物的熏蒸消毒，固定和保存病理标本、病料等	熏蒸消毒：每立方米空间42 mL 福尔马林，21 g 高锰酸钾。30 min 即可。标本、病料可用 10%浓度。
酒精	皮肤和器械（如针头、体温计等）的消毒	70%～75%
紫药水	治疗鸡痘和皮肤黏膜感染	外用
碘酒（碘酊）	用于皮肤消毒	2%～5%

7. 要请教当地畜牧主管部门，了解当地常发生的传染病和寄生虫病，并

据此制定防疫计划，用疫（菌）苗预防接种和化学药物防治，保持雏鸡。

8. 注意经常观察鸡的健康状态：发现病鸡时，应立即进行诊断，及时治疗，争取把病消灭在初发阶段；严格处理病、死鸡（焚尸或深埋）。

9. 严格执行免疫程序，按照程序接种鸡的各种传染病疫苗。

二、旧院黑鸡预防接种常见疫病及疫苗

1. 鸡新城疫：鸡新城疫Ⅰ、Ⅱ、Ⅲ、Ⅳ系，鸡新城疫-传支二联 H120苗、鸡新城疫-禽霍乱二联苗，鸡新城疫-传支—法氏囊三联苗，鸡新城疫-传支—减蛋症三联苗，鸡新城疫-减蛋证二联苗，新城疫灭活疫苗。

2. 鸡传染性支气管炎：传支 H120，传支 H52，传支（肾变型）H94 等。

3. 大肠杆菌：鸡大肠杆菌埃希灭活疫苗。

4. 传染性鼻炎：传染性鼻炎灭活疫苗。

5. 鸡痘：鸡痘活疫苗。

6. 鸡霍乱：禽霍乱 G190E40 弱毒冻干菌苗，蜂胶佐剂灭活疫苗，多清型蜂胶佐剂苗。

7. 传染性法氏囊炎：鸡传染性法氏囊病 B87 活疫苗，传染性法氏囊病灭活苗，高免血清和卵黄抗体，诺比种斯传染性法氏囊病活疫苗。

8. 鸡毒支原体：鸡毒支原体活疫苗。

9. 马立克氏病：火鸡疱疹病毒疫苗，马立克二联液氮疫苗 814。

10. 鸡球虫病：鸡球虫疫苗。

11. 禽流感：禽流感 H5+H9 型二联灭活疫苗、禽流感 H5N1 灭活疫苗。

三、旧院黑鸡的免疫接种

1. 疫（菌）苗接种途径

注射（皮下或肌肉）：注射器和针头使用前必须煮沸消毒。注射方法和注射剂量应严格按照疫（菌）苗使用说明书进行。

刺种：一般使用蘸水钢笔尖进行刺种，使用前必须煮沸消毒。部位一般为翅膀内侧无血管处，并避开骨骼、肌肉及羽毛，将浸疫苗后的针尖刺入翼

膜。刺种后一定时间要进行检查,一定要有反应(红肿、小疱)才行,无反应者应再刺种,至有反应为止。每次刺种和反应检查,按疫苗(菌苗)使用说明书进行。

滴鼻:将疫苗稀释后从鼻孔滴入。方法和剂量按疫苗使用说明书进行,滴鼻时以其将疫苗吸入为止。

滴眼:将疫苗稀释后,滴入眼内,待散开后为止。稀释方法和剂量按疫(菌)苗使用说明书进行。

饮水:将疫苗加入饮水中,让鸡自饮。所用饮水不能用自来水,可用煮沸法或用玻璃缸盛水放在日光下曝晒(2~3)d,以除去水中的氯离子;最好用井水或河水煮开后再放置变为冷开水来稀释疫苗。使用前还要对鸡断水(3~4)h及以上。饮水器不能用金属容器。在每1斤水里加2%~20%脱脂奶粉可增强免疫效果,但不能用全奶。应确保在1 h内饮完疫苗,然后再等(1~2)h,之后,恢复正常饮水。鸡的饮水量按季节、鸡的大小而定。

喷雾和气雾免疫:喷出的颗粒在50 μm及以上者叫喷雾。雾点迅速下沉不能进入鸡呼吸道深部,及落入鸡的眼睛和鼻孔内。雾点为20 μm者叫气雾,可进入鸡呼吸道深部,甚至可达到肺泡。疫苗稀释液要用蒸馏水或冷开水,不能用生理盐水。喷雾者应戴口罩。喷雾时应喷湿透鸡体,并使其站在笼内逐渐晾干,避免风。对于日龄较大的雏鸡应在光线暗淡的舍中进行,疫苗的剂量按说明书进行稀释。喷雾离雏鸡的距离以45 cm处为好,使喷滴落在鸡体上,喷后使之干燥(10~15)min为好,避免直接烘干,以免影响疫苗的效力。至于10日龄以上的鸡则应用气雾法,每1 000个剂量的疫苗用(30~40)mL水稀释,在减弱照明光线并关闭通气的情况下进行,主要喷鸡的头部2 min,喷后立即停止光照和通风10 min即完成。

浸喙:只适用于1日龄雏鸡。疫(菌)苗按说明书要求稀释,最好将1 000个剂量用150 mL清洁冷开水稀释,然后置于一浅盘内,将喙浸入即可,但效果不如滴鼻或点眼好。

滴口:将疫苗稀释后滴入口内,要求滴入舌头下面。主要适用于法氏囊病免疫接种。

2. 免疫程序（参考）

表 5-2　旧院黑鸡（蛋用）免疫程序参考

免疫日龄	免疫项目（名称）	接种手段	用量	备注
1	马立克氏	颈部皮下注射	0.2 mL	
7~8	新支（H120）肾	点鼻、点眼	1 倍	
14	法氏囊	点嘴	2 倍	
23~25	新-支（H120）-肾 新肾二联灭活油苗	点鼻、点眼 颈部皮下注射	2 倍 0.3 mL	
28	法氏囊	点嘴或饮水	2 倍或 3 倍	
35	鸡痘 流感灭活油苗	翅下刺种 皮下或肌注	2 倍 0.3 mL	
45	喉炎	点眼或涂肛	1 倍	
60	新城疫 I 系	皮下或肌注	2 倍	
75~80	传染性支气管炎（H52）	饮水	3 倍	
95	传染性喉气管炎	点眼或涂肛	1 倍	
115	鸡痘 流感灭活油苗	翅下刺种 皮下或肌注	2 倍 0.5 mL	
120	新城疫 I 系 新-支-减三联灭活油苗	肌注 皮下或肌注	2 倍 0.5 mL	

制定免疫程序的几点说明：

（1）此程序适用于春、秋、冬，夏季作必要的调整。如：鸡痘的免疫要提至（10~14）日龄。

（2）传染性鼻炎、大肠杆菌等根据当地传染病流行情况来制定。

（3）免疫时间并不是固定的。

（4）以母源抗体的高低，确定首免时间。

表 5-3　推荐商品肉用旧院黑鸡的免疫程序

日　龄	疫苗种类	免疫方法
7 d	新支肾二联三价苗	点眼滴鼻
（12~14）d	传染性法氏囊类疫苗	饮水
18 d	新支二联苗	饮水
24 d	传染性法氏囊免疫苗二免	饮水
（33~35）d	新城疫克隆苗	饮水

表 5-4　旧院黑鸡商品用（肉鸡）免疫程序参考

日　龄	疫苗种类	免疫方法
1 d	马立克 新支双联	颈部皮下注射 0.25 mL/羽 喷雾（1 000 羽/瓶，兑 200 mL 纯净水）
3 d	球虫	滴口 1 滴
6 d	病毒性关节炎冻干苗	颈部皮下注射，（每 1 000 羽份兑稀释液 200 mL）0.2 mL/羽
10 d	霉形体油苗 IBD	0.25 mL/羽，颈部皮下。 滴口 1 滴
12 d	ND+IB+ 活苗 ND+IB 油苗	点眼 1 滴 0.25 mL/羽颈部皮下注射
15 d	H5+H9 鸡痘（POX）	0.3 mL/羽颈部皮下注射 刺种
21 d	IBD	滴口 1 滴
28 d	ND+IB	1.5 倍量活疫苗点眼 1 滴
42 d	病毒性关节炎（REO）油苗 传喉（ILT）活疫苗	颈部皮下注射　0.25 mL/羽 点眼 1 滴
7 周	传鼻（IC）	颈部皮下注射　0.5 ml/羽
8 周	ND+IB 油苗	1.5 倍量点眼 1 滴 0.5 mL/羽颈部皮下注射
9 周	H5+H9	0.5 mL/羽颈部皮下注射
11 周	ILT	点眼 1 滴
12 周	脑脊髓炎（AE）+POX	翼膜下刺种 1 下
14 周	ND+IB 活苗 油苗	1.5 倍量点眼 1 滴 0.5 mL/羽胸肌注射
15 周	IC	0.5 mL/羽胸肌注射
17 周	EDS-76	0.5 mL/羽胸肌注射
20 周	H5+H9	0.5 mL/羽胸肌注射
21 周	新支法关（关节炎）四连苗、 霉形体油苗	0.5 mL/羽胸肌注射 0.5 mL/羽胸肌注射
（27～28）周	ND+IB 活苗 油苗 0.5 mL/羽	点眼进口苗 1.5 倍量、国产苗 2 倍量（后期 3 倍量） 胸肌注射（进口）后期 0.8 mL/羽肌注（国产）
40 周	新支油苗+新支（活苗） H5+H9	油苗肌注，活苗点眼 0.8 mL/羽肌注

注：新城疫、禽流感、每隔（6～8）周免疫一次，ND+IB 活苗每 4 周做一次饮水免疫，3 倍量（点眼）到 4 倍量（40 周以后）饮水免疫水中需加奶粉以中和有害物质，保护疫苗。

任务二 旧院黑鸡常见疾病防治

一、健康鸡与病态鸡的鉴别

1. 观察鸡群状态：健康鸡均匀地散布在鸡舍中；病鸡多时，成堆或集聚在鸡舍的一角或一处，少时，离群孤立或卧地。

2. 鸡群对人的反应：健康鸡群遇生人立即躲开，雏鸡有时随人走动；病鸡无反应，原地不动。

3. 对声音的反应：健康鸡群对声音很敏感，面向声音来源处，站立不动，静听或观看，易惊动；病鸡无反应或反应迟钝。

4. 对饲料的反应：健康鸡争先恐后地挤向食槽抢食；病鸡不接近饲槽，不采食，或行动迟缓，吃几口即离开。

5. 羽毛和皮肤。健康鸡的羽毛清洁、紧凑而有光泽，皮肤无损伤、干净；病鸡的羽毛不洁、蓬松无光泽，有异常脱毛现象，皮肤有痘疤、癣、结节、炎症、体外寄生虫等。

6. 头部。健康鸡常抬头向四周转动；病鸡垂头或将头藏于翅下，有的将头向后、向下或侧缩。

7. 鸡冠和肉垂。健康鸡冠鲜红有光，病鸡变色无光，有的苍白，有的暗红、暗紫、蓝紫甚至黑色。乌冠、红冠说明有的发生水肿或雏缩，有的有痘疤、癣等。

8. 眼。健康鸡常睁开眼，有光亮；病鸡半闭或全闭，即使睁开也无神无光，有的流泪，或有水样分泌物，甚至眼睑粘闭、水肿，眼部突出，有的晶体混浊，有的一侧盲目。

9. 鼻。健康鸡的鼻腔有清洁分泌物；病鸡不洁，鼻腔有水样分泌物至乳白色干酪样物，有的有结痂。

10. 喙。健康鸡的喙有一定的硬度和稍弯；病鸡的喙变软，呈鹦鹉嘴。

11. 颈。健康鸡的颈经常向上伸或向前方伸；病鸡的颈缩至肓部，有的向下、向侧弯曲，有的扭转，有的震颤，有的作伸拉吞咽动作。

12. 翅。健康鸡的翅疏缩有力，紧贴体躯；病鸡的翅收缩无力，半下垂或全下垂。

13. 腿。健康鸡的腿常站立，行走时步伐快速有力，行动敏捷。病鸡的腿不愿或不能站立，行走时步态不稳，行动缓慢；有的麻痹不能站立，针刺无感觉；有的关节肿大，有的腿骨粗大，比正常的大几倍。

14. 肛门及附近羽毛。健康鸡的肛门及附近羽毛清洁；病鸡被粪便污染，有的粪干固，致使肛门闭锁，不能排粪，出现屙不出粪的特殊姿势。

15. 嗉囊。健康鸡的嗉囊有食物，并保持一定的数量和硬度；病鸡的嗉囊空虚无物，或胀气，或有少量液体，或在不食的情况下充实而坚硬。

16. 粪。健康鸡的粪呈块状，表面附有少量白色沉淀物；病鸡拉稀或便秘，有的粪中有血液，有的粪呈绿色、褐色、酱色、黄色、白黄色。

17. 呼吸。健康鸡的呼吸无声，无特殊表现；病鸡的呼吸声快且有踹鸣声，有的促颈张口呼吸，有的打喷嚏、咳嗽或喘气，有时头颈抽动、"甩鼻"，有的鼻中流出水样黏液，有的咳出血染的黏液、脱落的上皮组织甚至血清或血凝块。

18. 精神和姿势。健康鸡的神态活泼，行动灵敏；病鸡出现神经症状和异常姿势，如兴奋、沉郁、共济失调、痉挛、运动异常、麻痹等症状。

二、旧院黑鸡传染病的防治

鸡的传染病种类较多，共有一百多种，大多无特殊治疗方法，只能是接种相应的疫（菌）苗进行预防。一旦发生传染性疾病，一般采用扑灭、淘汰，并进行彻底的清洗、消毒、外埋等措施。

下面介绍几种常见的鸡传染病。

1. 鸡新城疫

病鸡症状：呼吸困难，次数增加、咳嗽、喘气，受惊扰后或胸部听诊时可听到呼吸道的罗音，鼻孔流水样或黏性液；拉稀，粪呈水样，带绿色，有的呈白色，有时有血，同时食欲和饮欲均降低或消失，有的饮欲增加，精神不安，肌肉震颤，阵发性痉挛，颈转，角弓反张，腿、翅麻痹，头钻入翅下蜷缩在一起，有"咯咯"的叫声，雏鸡有嘶哑鸣声；眼、颜面、喉部周围出现水肿，眼流黏液性液；产蛋量下降或停止，产软壳蛋；体温升高，传播迅速，死亡率高。

预防措施：接种鸡新城疫疫苗进行预防，小鸡接种鸡新城疫Ⅱ系或Ⅳ系疫苗，成鸡接种鸡新城疫Ⅰ系疫苗。

防治措施：发生本病后要迅速扑灭，防止扩大传染。严格隔离鸡群，对假定健康鸡群用Ⅳ系疫苗进行紧急免疫接种。第 4 天后，再用干扰素治疗，同时要治疗肠道细菌病、呼吸道病（支原体）、球虫病等继发病，处理病、死鸡，病鸡淘汰、尸体高温处理，死鸡及鸡毛、鸡骨、鸡血等物应焚烧或深埋。封锁发病鸡场，在封锁期间禁止运出活鸡及其他产品。采取严格的消毒措施，被病鸡的粪便污染的饲养管理用具等要严格消毒，粪便应堆积发酵消毒，疫情停止后要进行全场彻底消毒。处理后 2 周，再无新的病例发现，进行 1 次最后的彻底消毒，方能解除封锁。

2. 传染性支气管炎

病鸡症状：呼吸困难，伸颈张口呼吸，打喷嚏、咳嗽、喘气，在夜间能听到明显的气管罗音，流鼻涕；眼湿润，流水样液，个别的眶周窦肿胀；食欲和饮欲均减少，排白色稀粪；沉郁，翅下垂，昏睡或挤在热源下寒颤和鸣叫；产蛋量下降，产软壳蛋、畸形蛋和粗壳蛋，鲜蛋白稀薄如水，粘在壳内膜上，且与卵黄完全分开(正常鲜蛋蛋白有浓稠和稀薄两部分，能明显区别)，突然发病，迅及人群，但死亡率低。

预防措施：接种鸡传支（H120、H52）疫苗进行预防。

防治措施：发生本病后，对鸡舍加强通风换气，提高室温，放宽饲养密度，给予病鸡群充足的维生素和易消化饲料，可给予病鸡群相应的抗生素药物以防继发感染，尤其是防治鸡败血霉形体的药物。可试用中草石松，每 100 羽鸡用 150 g，切碎拌料喂或煎汁饮用，必要时趁早将病鸡群扑杀。

3. 传染性喉气管炎

病鸡症状：打喷嚏、咳嗽、喘气，能听到湿性罗音，持续性流鼻液，严重的出现明显的呼吸困难，呼吸时伸举头颈张口吸气，并在吸气时以喘鸣声，常摇头晃脑，竭力想咳嗽出气管中堵塞物；当咳出血染的黏液、脱落的上皮组织甚至血清凝块或血凝块时，呼吸困难可稍缓解，否则常因气管阻塞而窒息死亡；喉、气管也有假膜，但易剥离，一般能在鸡笼或墙上见到带血的痰液，雏鸡发生时只偶有呼吸道症状；眼湿润，出血性结膜炎，眶下窦肿胀；产蛋量显著下降；传播迅速，但死亡率差异大；雏鸡发生时，并没有面部水肿，流黏液性泪液或干酪样眼屎，发育不良，但死亡率低。

预防措施：接种鸡传染性喉气管炎疫苗进行预防。

防治措施：流行初期如能确诊，对尚未感染的鸡群紧急接种疫苗或免疫血清，有一定的效果。提高鸡舍和育雏器温度，对雏鸡是有好处的。为解除呼吸困难，可试用樟脑水肌肉注射，进行对症治疗；还可用镊子除去喉部和气管上的渗出物的干酪样渗出物。鸡舍、运动场地、饲喂用具等要经常保持清洁卫生，严格坚持隔离消毒制度。在每千克饲料中加入0.1% g 土霉素，可以缓解本病的暴发和蔓延。未发生过该病的鸡场，不宜进行疫苗接种。

4. 禽霍乱

病鸡症状：呼吸次数增加，呼吸道发生继发感染时才发生呼吸困难和气管罗音，当气管中有渗出物时才有"咯咯"声，流鼻液；拉稀，粪初白色水样，后变绿，含黏液，也有的为黄色稀粪，流涎、减食、增饮；冠和肉垂在濒死前发绀，呈青紫色，一侧或两侧肉垂显著肿大；慢性常发生渗出性眼结膜炎，腿、翅关节肿大，斜颈。

预防措施：接种禽霍乱疫苗进行预防。

防治措施：发现病鸡、死鸡即时捡出。病死鸡全部烧毁或深理，鸡舍、场地和用具彻底消毒，病鸡隔离治疗，病鸡群中未发病的健康鸡，全部喂给磺胺类药抗生素，以控制发病。可先用磺胺喹恶啉，混饲浓度（500~1 000）mg/kg，混水浓度（250~500）mg/L，用药2 d，再服3 d。

5. 禽流感

病鸡症状：体温升高，精神委顿，食欲减退，消瘦，生产能力下降，部分鸡出现咳嗽、打喷嚏及呼吸困难；病鸡有流泪现象，羽毛松乱，身体蜷缩，头、颜面部水肿，冠和肉髯淤血发绀，部分病鸡出现神经症状及下痢，高致病性禽流感影响最大，主要表现为：急性发病死亡，脚鳞出血，鸡冠出血或发绀，头部水肿，肌肉和其他组织器官广泛严重出血。

预防措施：接种禽流感、新城疫二联活疫苗进行预防，应尽量减少和避免野禽与家鸡、饲料及水源的接触，防止野禽进入鸡场、鸡舍和饲料贮存间内，注意保持水源的清洁卫生。

防治措施：发生本病时要严格执行封锁、隔离、消毒、焚烧病鸡尸体等综合防治方法，将疫区和周围鸡场严格隔离，扑杀高危病鸡群和有潜在危险的鸡群；清除被扑杀的病鸡、禽产品、废物杂物、粪便、饲料及设备，然后对整个鸡场进行彻底的清洗、消毒；所有饲养过病鸡的房舍充分清洗消毒，并空置 30 天以上才允许恢复生产；对疫区外的鸡群和各种野禽进行血清学检查，阳性者一律扑杀。

6. 传染法氏囊炎

病鸡症状：粪呈水样，色浅白或黄白色，带黏性，肛门周围羽毛常被污染，偶尔发生腔上囊广泛出血，粪中可能带血，减食、减饮；常自己啄自己肛门周围的羽毛，精神沉郁，不愿活动，伏卧地上，驱赶不动；有的发生颤抖，弓背蹲伏，用喙嘴撑地而睡；发病率高，病程短，（5~7）日达最高峰，以后即逐渐康复，死亡率低；发生免疫抑制，故接种其他疫（菌）苗时，免疫力差，易继发感染其他传染病；胸肌和腿部肌肉出血。

预防措施：接种鸡传染性法氏囊病活疫苗或灭活疫苗进行预防。

防治措施：按每立方米用福尔马林 15 mL 和高锰酸钾 7.5 g 比例，密切鸡舍熏蒸消毒 24 h，熏蒸且再用 0.3%过氧乙酸喷洒。改善饲养管理，搞好鸡舍卫生，用福尔马林或漂白粉进行消毒，特别注意粪便消毒，防止饮料、饮水、来往人员以及其他畜禽传播。早期病鸡可用传染法氏囊病高免卵黄抗体或高免血清治疗，治疗两天等症状平缓时停药（1~2）d 后，对全群鸡作法氏囊 B87 疫苗紧急免疫接种，同时治疗肠道拉稀、球虫病、肠道综合征等继发症，有效率可达 90%以上。

7. 鸡白痢

病鸡症状：粪呈白垩状或乳白色，有时混有青绿色胆汁，肛门及其周围常黏聚粪便，排粪困难，减食甚至停食；常聚成团，垂头垂翅打瞌睡，颤抖；肺若发生病变，可出现呼吸困难和哮喘。

预防措施：建立和培育无白痢的种鸡群，消灭鸡群中的带菌鸡是预防本病的根本措施。可用抗生素、磺胺类及诺氟沙星等药物均有一定的预防效果。用乳康生预防，出雏后连服 2 日，以后每 3 日服 1 次，每次 0.5 g；用促菌生预防，每只鸡每天服含 0.25 亿菌肥促菌生，每日 1 次，连服 5 日效果较好，并对雏鸡的食量和增重有促进作用。

防治措施：药物治疗雏鸡白痢对减少雏鸡死亡有相当效果，对成鸡一般不予治疗。治疗药物：在病鸡饲料中添加 1%磺胺脒或 0.1%磺胺喹恶啉，都有一定疗效。酞磺胺噻唑也有效，其用法是：在病雏的饲料中添加 0.01%~0.02%，连喂 1 周左右，可使疾病得到控制，而后将药用量减半，再喂（2~

3)周,幼雏对此药敏感,应用时必须充分搅拌匀,防止中毒。

8. 鸡球虫病

病鸡症状:粪苍白,面带血丝,或水泻,或血痢,减饮,减食甚至停食;皮肤褪色,鸡冠苍白;精神浓郁,垂翅闭眼,挤在一起,有的两脚无力,卧地不起,弓背,羽毛粗乱,消瘦;产蛋明显下降;多雨潮湿季节较严重,幼鸡严重,死亡50%~100%,无血痢者稍低,易激发鸡新城疫,传染性腔上囊炎。

预防措施:用鸡球虫疫苗,肉鸡分别于3、8、16日龄三次免疫,种鸡和蛋鸡分别于3、10、20日龄三次免疫。用法:混入水中或拌入饲料中口服免疫。

防治措施:鸡场中的粪便坚持每天清除,堆积发酵,定期更换运动场地表层土,彻底清洗消毒;鸡舍可用20%生石灰水或30%热草木灰水消毒,鸡舍、垫料要保持干燥;康复鸡必须隔离饲养,对不同年龄的雏鸡要分开饲养。

治疗球虫病的药物很多,当场内发生球虫病时,可选用:氨丙啉(125~240)mg/kg 混饲给药,连用 7 d 后用量减半,再用 14 d;饲料中含氨丙啉与磺胺喹恶啉各 60 mg/kg,氯羟吡啶 125 mg/kg 混饲给药;盐霉素(60~70)mg/kg 混饲给药;莫能霉素(70~120)mg/kg 混饲给药。患过病的鸡能产生免疫力,饲料中添加一定量的抑球虫药,能完全抑制卵囊的繁殖。减少用药量,使吃入的孢子化卵囊完成其生活史,可使鸡获得免疫力。

9. 马立克氏病

病鸡症状:翅、腿麻痹,腿发生的多,初步态不稳,后不对称的发生轻瘫,以后才发生一肢或两肢全瘫,翅下垂,腿不能站立;卧地中一腿伸向前方,有时昏迷;羽毛囊发生白色结节,以后形成带褐色的痂,虹膜呈同心的环状或点状褪色,或弥散性带青蓝色褪色,最后发生弥散性带灰色浑浊,瞳孔边缘不规则,以后只剩下一个针尖大的小孔;消瘦,脱水,发病常在 4 周龄以上。

预防措施:在雏鸡 1 日龄时接种马立克氏病多价疫苗进行预防。

防治措施:鸡场严格做好检疫工作,发现病鸡,立即淘汰,彻底消灭此病的传染源。雏鸡对马立克氏病的易感性最高,必须与成年鸡分开饲养管理,防止接触。严格进行鸡群虫病的防治。种蛋入孵前可用 0.2%新洁尔灭喷洗，种蛋装入孵化器后，半闭勇气升温，再用甲醛配合熏蒸 2 h，在出雏高峰时再熏蒸 1 次，前者剂量按每立方米容积用福尔马林 14 mL，高锰酸钾 7 g，后者剂量减半。

10. 鸡脑脊髓炎

病鸡症状：头、颈不定期震颤，只要刺激和惊扰，小鸡就可引起震颤，共济失调，行走时不能控制速度和步态，常跌倒及侧卧，只要驱赶小鸡即可觉察出来；常拒绝走动，强迫走动时常用跗关节和胫行走，卧下时也用跗关节坐下或躺卧而两足向一侧伸张；虹膜呈淡蓝色褪色，一只或两只眼的晶体状体浑浊；食欲和饮水减少；主要危害雏鸡，死亡率 25%～50%，好后遗留共济失调，眼部分失明。

预防措施：对 10 周龄以上的健康育成鸡，不迟于开产前 4 周，可用鸡脑脊髓炎弱毒疫苗采用饮水免疫法进行免疫。产蛋鸡群不能用此弱毒苗免疫，否则能引起产蛋率下降 10%～15%。接种后 4 周内所产的蛋不能用于孵化，鸡宰杀前 21 d 内不要进行免疫。

防治措施：发现病鸡立即淘汰。对感染鸡群应该做好隔离饲养，加强消毒。感染鸡群 3 周内所产的蛋含有病毒，不能用于孵化。完全康复后的鸡群所产的蛋可用于孵化，并可使雏鸡获得母源抗体。

11. 鸡　痘

病鸡症状：痘疤，较轻的只在冠、肉垂、眼皮嘴、面部和肛门周围的无毛发生，初为白色圆形小结节，很快增大成黄色，结节表面不平、干燥、坚硬，内部为黄脂状糊状物；以后互相融合并逐渐变成灰色和暗棕色大痘疤，不易剥离，强行剥离时出现陷凹、出血，如自然脱落，即出现平滑灰白瘢痕。严重的：胸、腿、泄殖腔、翅均发生，由绿豆大到豌豆大，色黄白而浑浊，以后变干，周凸中凹。

预防措施：接种鸡痘鹌鹑化弱毒疫苗（甘油苗、冻干苗）进行预防。

防治措施：搞好鸡舍、运动场的卫生工作，加强管理，防止发生外伤，消除蚊虫孳生，做好防蚊工作。发病后要严格隔离病鸡，对死鸡进行无害化处理。对皮肤型、黏膜型、混合 3 种类痘疹，采用中药黄连素注射液治疗。

【知识拓展】

鸡病如此复杂，该怎么诊断呢？

表 5-5　常见鸡消化道传染病的鉴别诊断

病名	病原	易发年龄	腹泻特征	病变特征	实验室检查
雏白痢	鸡白痢沙门氏杆菌	(1～3)周龄雏鸡多发	白色糊状稀便	肝大，土黄色，胆囊肿大，脾大。卵黄吸收不良。心肌、肝、肌胃、脾和肠道有白色坏死结节	成鸡和种鸡做全血平板凝集试验。雏鸡分离病原
副伤寒	沙门氏杆菌	(1～2)月龄雏鸡多发	水样腹泻	出血性肠炎，盲肠有干酪样物。肝、脾有坏死	分离病原
鸡伤寒	鸡伤寒沙门氏杆菌	成年鸡多发	黄绿色，稀便	脾、肝大淤血，呈青铜色，有坏死灶	分离病原
大肠杆菌病	埃希氏大肠杆菌	4月龄以内鸡易发	绿白色，稀便	心包炎、肝周炎、气囊炎、肠炎和腹膜炎	分离病原
球虫病	艾美耳属球虫	(20～50)日龄雏鸡多发	血便或红棕色稀便	盲肠内有血液块及坏死渗出物，小肠有出血	涂片检查球虫卵
法氏囊病	双股RNA病毒	(20～60)日龄雏鸡多发	白色水样稀便	法氏囊肿大，充血、出血和水肿，后期萎缩。肌肉出血，花斑肾，腺胃与肌胃交界处出血	琼脂扩散试验及分离病原
盲肠肝炎	火鸡组织滴虫	(2～3)月龄雏鸡多发	绿色或带血的稀便	盲肠粗大增厚，呈香肠状。肝表面有圆形坏死	镜下检查组织滴虫
新城疫	副粘病毒	各种年龄鸡均可发病	绿色稀便	腺胃、肌胃、肠道有出血斑点。肠道有枣核样溃疡，盲肠扁桃体肿大和出血	血凝和血凝抑制试验，分离病原
禽霍乱	多杀性巴氏杆菌	成鸡，特别是产蛋鸡多发	灰白色或黄绿色稀便	肝有小点坏死灶，十二指肠严重出血，产蛋鸡子宫内常见有完整的鸡蛋	肝、脾涂片镜检病菌，并分离病原

——摘自鸡病害防治手册 2010 版

表 5-6 常见鸡呼吸道传染病的鉴别诊断

病名	病原	流行特点	临诊症状	病变特征	实验室检查
传染性支气管炎	冠状病毒	各种年龄鸡均可感染，雏鸡死亡率高	呼吸困难，有罗音，流鼻液。产蛋量下降，畸形蛋。排白色稀便	鼻、气管、支气管炎症，肺水肿，气囊炎。肾型肾肿大，尿酸盐沉积	中和试验，分离病毒
传染性鼻炎	鸡副嗜血杆菌	1月龄以上的鸡多发，呈急性经过，无继发感染时死亡率低	打喷嚏，流鼻液，颜面水肿，眼睑和肉髯水肿，结膜炎症	鼻腔和鼻窦充血、肿胀，有黏液脓性分泌物，眼结膜囊内有干酪样物	凝集试验，分离培养嗜血杆菌
传染性喉气管炎	疱疹病毒	成年鸡发病较多，传播快，发病率高	呼吸急促，有罗音，咳出带血黏液，产蛋量下降	喉头出血，有大量渗出物，气管内有血样渗出物，有时有伪膜，伪膜易剥离	琼脂扩散试验、中和试验，核内有包涵体，可分离出病毒
慢性呼吸道病	败血霉形体	（4~8）周龄雏鸡多发，病程较长	鼻流黏性或浆性液体，有喘鸣音，眼睑肿胀	鼻黏膜增厚，有干酪样物。眼结膜发炎。窦内充血、水肿，有渗出物，气囊内有干酪样渗出物	全血平板凝集反应，血凝抑制试验，分离培养霉形体
曲霉菌病	烟曲霉等	烟雏鸡易感，经霉变饲料和垫料感染	呼吸困难，鼻眼发炎，肉发绀，发育不良	肺和气囊有黄白色粟粒大小结节，气管上有时也有小结节	取霉斑结节压片镜检曲霉菌
黏膜型鸡痘	鸡痘病毒	各种年龄均可感染，但雏鸡发病率和死亡率高	口腔、咽喉、气管或食道有痘斑，呼吸困难，吞咽困难	喉和气管黏膜初期见有湿润隆起，以后见有干酪样假膜，假膜不易剥离	琼脂扩散试验，分离病毒

——摘自鸡病害防治手册 2010 版

三、旧院黑鸡普通病的防治

1. 鸡的啄癖及其防治

鸡的啄癖有啄肛癖、拔羽癖、啄趾癖、啄头癖、啄蛋癖等。原因很复杂，根据具体情况，试用下述方法。

（1）鸡舍、鸡圈、鸡笼或育雏室：养的鸡不要过分拥挤；光线不要太强，最好用红色灯泡，窗户涂成红色，注意通风、温度、湿度适当。

（2）饲料要避免单一，供应充足，增加喂给次数，特别要注意添加含蛋氨酸、赖氨酸、胱氨酸、亮氨酸多的血粉，鲜肝或肝渣（均捣细）以及菜子饼和糠等；含维生素A、D、B_2、B_6多的红萝卜、芷蓿、菜籽饼和糠麸；含盐量以0.5%为宜。

（3）饮水力求清洁，增加喂水次数。

（4）添加石膏。将石膏以2%的比例加入饲料中，每只鸡（0.5~3）g，连喂（10~15）d。

（5）隔离。对初发者隔开可阻止再发生。

（6）涂药。在被啄处涂松节油、碘酊等有异臭药物。

（7）啄蛋癖，在蛋箱中挖漏蛋孔或将产蛋箱或鸡笼倾斜20°~30°放置，使产出的蛋产后即滚出。

（8）断喙在1日龄进行，但一般是（7~10）日龄进行，12周龄还应补断一次。

2. 幼鸡消化不良及其防治

主要症状：减食或时好时坏，但喜欢饮水。嗉囊瘴气，排粪次数增多，沉郁、离群呆立，最后消瘦、死亡。

防治方法：高锰酸钾水和稀盐水交替使用作饮水；大蒜捣细，配成1%溶液喂服；干酵母或健胃片，（0.5~1）片/只，每天（2~3）次；改善饲养，不喂或少喂不易消化和发霉变质的饲料、豆类、蚕蛹等高蛋白饲料，多喂碎玉米和青绿饲料，注意补充钙、磷，饲喂要定时。

3. 硬嗉囊症的防治

主要症状：嗉囊胀满坚硬，长期不消；沉郁、停食，冠变紫、翅下垂。

防治方法：灌服植物油（0.5~1）mL或注入嗉囊，（1~2）h后轻轻按摩，促进咦囊蠕动；施行嗉囊切开术，取出嵌塞食团；防止异物进入饲料中，喂料要定时定量，防止过饱过饥。

4. 腹水症的防治

主要症状：腹部门膨大，两腿分开，斜立式卧地，呼吸困难，皮下、腹腔有大量清亮、棕红色液体，羽毛粗乱，严重者冠和肉垂呈紫红色。

防治办法：料中添加维生素 C 500 g；限食，从（10~15）日龄起，下午 4 时至午夜不供料，（40~50）日龄起，每天增加 1 h 采食时间；鸡舍要保持既保温又要通气。

四、旧院黑鸡中毒症的症状和解救

1. 食盐中毒

主要症状：口渴，饮水量超过正常的几倍，下痢，呼吸困难，沉郁，运动失调，肢体无力甚至麻痹、抽搐痉挛等。

防治办法：停喂多盐饲料，多喂葡萄糖水。

2. 聚合草中毒

主要症状：呼吸稍快，张口呼吸，每分钟呼吸可达 120 次。排粪次数增多，每 3 min 排稀粪一次，视力减退或消失，后期痉挛、卧地哀叫，病程 30 min 而亡。

防治办法：灌服淘米水及木炭末，用 0.15%高锰酸钾作饮水，肌肉注射亚甲蓝，每公斤体重用 1%的亚甲蓝液 1 mL；喂葡萄糖水；对聚合草采取边割、边洗、边喂，放时间不超过 4 h。

3. 马铃薯中毒

用发芽的马铃薯或开化期的茎叶作饲料时引起。

主要症状：不吃，腹泻；呼吸困难；沉郁，步行不稳，严重者抽搐，昏迷。

防治方法：停喂上述马铃薯，灌服食醋；喂葡萄水和高锰酸钾水；对马铃薯一定要除去芽和腐败成分，并煮熟去其煮的水后再喂。开花茎叶不能用作饲料。

4. 矿物质微量元素添加剂中毒

（1）磷中毒。食入（0.01~0.03）g 无机磷即中毒，表现为步态反常，特别是奔跑时严重，麻痹样虚弱，有的无明显症状，死亡。

（2）硒中毒。表现为减食、停食，雏鸡流口水。沉郁，雏鸡眼睑闭合，伏地，头颈向下弯曲，仰卧或角弓反张。颈背部羽毛脱落，脚趾脱落，生长不良，有的呼吸困难。

（3）**防治办法**：停喂现用饲料，改喂农家常用饲料；磷中毒时，用 2%

硫酸铜或 0.1%高锰酸钾作饮水,再加葡萄糖喂服;硒中毒时,将雄黄用火煅烧成黄色,用水配成 4%的混悬液,每只成鸡每次灌服(4~8)mL,隔 24 h 再灌服一次。

5. 氨水中毒

常因鸡放养在含氨气的环境中或食入含氨较多的水而中毒。

主要症状:水肿性结膜炎,怕光,角膜溃疡;沉郁,食欲减少。

防治办法:如系食入中毒,迅速内服 5%醋酸或食醋;如系吸入中毒,则入在空气流通处,并用热水蒸气吸入。

6. 一氧化碳中毒

主要症状:昏迷,四肢瘫痪,腿部出现阵发性抽搐,呼吸微弱搐,窒息死亡。

防治办法:将病鸡移至空气新鲜处,如持续昏迷,可按常规计量使用尼可杀米。

【知识拓展】

同学们,你们知道家禽常用药物有哪些吗?怎么用呢?怎么选择呢?

表 5-7 家禽常用药物用法用量配伍表

药物名称	别名及主要用途	用法与用量	注意事项
青霉素 G	青霉素、苄青霉素	肌注:(5 万~10 万)单位	与四环素、磺胺类禁忌
氨苄青霉素	氨苄、氨比西林	肌注(25~40)mg/kg	同青霉素 G
阿莫西林	羟氨苄青霉素	饮水 0.02%~0.05%	同青霉素 G
头孢曲松钠	抗菌药物	肌注:(50~100)mg	与林可霉素有配伍禁忌
头孢氨苄	又名:先锋Ⅳ,	口服:(35~50)mg	同头孢曲松钠
头孢唑啉钠	又名:先锋Ⅴ	肌注:(50~100)mg	同头孢曲松钠
头孢噻呋	抗菌药物	肌注:0.1 毫克/只	用于 1 日龄雏鸡
红霉素	抗菌药物	饮水:0.005%~0.02% 拌料:0.01%~0.03%	不能与莫能菌素、盐霉素等抗球虫药合用
罗红霉素	抗菌药物	饮水:0.005%~0.02% 拌料:0.01%~0.03%	与红霉素存在交叉耐药性

续表

药物名称	别名及主要用途	用法与用量	注意事项
泰乐菌素（Tylosin）	又名：泰农 抗菌药物	饮水：0.005%～0.01% 拌料：0.01%～0.02% 肌注：30 mg/kg	不能与聚醚类抗生素合用。注射用药反应：注射部坏死，精神沉郁及采食下降
替米考星	抗菌药物	饮水：0.01%～0.02%	蛋鸡禁用
螺旋霉素	抗菌药物	饮水：0.02%～0.05%	
北里霉素	吉它、柱晶白霉素	拌料：0.05%～0.1%	蛋鸡产蛋期禁用
林可霉素	又名：洁霉素 抗菌药物	饮水：0.02%～0.03% 肌注：（20～50）毫克/千克	合用减缓耐药性，与多粘菌素、卡那霉素、新生霉素、青霉素G、链霉素等禁忌
泰妙灵	又名：支原净 抗菌药物	饮水 0.0125%～0.025%	不能与莫能菌素、盐霉素等聚醚类抗生素合用
杆菌肽锌	抗菌药物	拌料：0.004%，口服：（100～200）单位/只	对肾脏有一定的毒副作用
多粘菌素E	又名：粘菌素、抗敌素，抗菌药物	口服：（3～8）mg/kg 体重，拌料：0.002%	与氨茶碱、青霉素G、头孢菌素、四环素、红霉素、卡那霉素、碳酸氢钠等禁忌
链霉素	抗菌药物	肌注：（5万～10万）单位/千克体重	雏禽和纯种外来禽慎用
庆大霉素	抗菌药物	饮水：0.01%～0.02% 肌注：（5～10）毫克/千克体重	与氨苄青霉素、头孢菌素类、红霉素、磺胺嘧啶钠、碳酸氢钠等药有配伍禁忌。注射剂量过大，可引起毒性反应，表现水泻、消瘦等
卡那霉素	抗菌药物	饮水：0.01%～0.02% 肌注：（5～10）毫克/千克体重	单独使用。与氨苄青霉素、头孢曲松钠、磺胺嘧啶钠、氨茶碱、碳酸氢钠、等有配伍禁忌。注射量大，引起毒性反应，表现水泻、消瘦等
阿米卡星	抗菌药物 又名：丁胺卡那霉素	饮水：0.005%～0.01% 拌料：0.01%～0.02% 肌注：（5～10）毫克/千克体重	与氨青、头孢唑啉钠、红霉素、新霉素、盐酸四环素类、地塞米松、环丙沙星等有配伍禁忌。注射剂量过大，引起中毒，表现水泻消、瘦等
新霉素	抗菌药物	饮水：0.01%～0.02% 拌料：0.02%～0.03%	

续表

药物名称	别名及主要用途	用法与用量	注意事项
壮观霉素	又名：大观霉素、速百治抗菌药物	肌注：（7.5～10）mg 饮水：0.025%～0.05%	蛋鸡产蛋期禁用
安普霉素	又名：阿普拉霉	饮水：0.025%～0.05%	
土霉素	又名：氧四环素 抗菌药物	饮水：0.02%～0.05% 拌料：0.1%～0.2%	与丁胺卡那、氨茶碱、青霉素G、氨苄青霉素、头孢菌素类、新生霉素、红霉素、磺胺嘧啶钠、碳酸氢钠等禁忌。对孵化率有不良影响
强力霉素	又称多西环素、脱氧土霉素抗菌药	饮水：0.01%～0.05% 拌料：0.02%～0.08%	同土霉素
四环素	抗菌药物	饮水：0.02%～0.05% 拌料：0.05%～0.1%	同土霉素
金霉素	抗菌药物	饮水：0.02%～0.05% 拌料：0.05%～0.1%	同土霉素
甲砜霉素	又名：甲砜氯霉素、硫霉素，抗菌药物	饮水或拌料：0.02%～0.03% 肌注：（20～30）毫克/千克体重	与庆大霉素、新生霉素、土霉素、红霉素、林可霉素、泰乐菌素、螺旋霉素等禁忌
氟苯尼考	氟甲砜霉素抗菌	肌注：（20～30）mg	
氧氟沙星	又名：氟嗪酸抗菌药物	饮水：0.005%～0.01% 肌注：（5～10）mg	与氨茶碱、碳酸氢钠有禁忌 与磺胺合用加重肾的损伤
恩诺沙星	抗菌药物	饮水：0.005%～0.01% 肌注：（5～10）mg/kg	同氧氟沙星
环丙沙星	抗菌药物	饮水：0.01%～0.02% 肌注：（10～15）mg	同氧氟沙星
达氟沙星	又名：单诺沙星抗菌药物	饮水：0.005%～0.01% 肌注（5～10）mg/kg	同氧氟沙星
沙拉沙星	抗菌药物	饮水：0.005%～0.01% 肌注：（5～10）mg	同氧氟沙星
敌氟沙星	又名：二氟沙星抗菌药物	饮水：0.005%～0.01% 肌注：（5～10）mg	同氧氟沙星
氟哌酸	又名：诺氟沙星抗菌药物	饮水：0.01%～0.05% 拌料：0.03%～0.05%	同氧氟沙星
磺胺嘧啶	抗菌、抗球虫药抗卡氏白细胞虫	饮水：0.1%～0.2% 肌注：（40～60）mg	不能与拉沙菌素、莫能菌素、盐霉素混用
磺胺二甲基嘧啶	菌必灭，抗菌抗球虫抗白细胞虫药	饮水：0.1%～0.2% 注：（40～60）mg	同磺胺嘧啶

续表

药物名称	别名及主要用途	用法与用量	注意事项
磺胺甲基异口恶唑	新诺明，抗菌、球虫、白细胞虫药	饮水：0.03%～0.05% 肌注：（30～50）mg	同磺胺嘧啶
磺胺喹口恶唑	抗菌、抗球虫药抗卡氏白细胞虫药	饮水：0.02%～0.05% 拌料：0.05%～0.1%	同磺胺嘧啶
二甲氧苄氨嘧啶	又名：敌菌净 抗菌药物，抗球虫药，抗卡氏白细胞虫药	饮水：0.01%～0.02% 拌料：0.02%～0.04%	易成耐药性，不单用。与磺胺类等提高抗菌力。不能与拉沙霉素、莫能菌素、盐霉素合用。与碳酸氢钠合用
三甲氧苄氨嘧啶	抗菌药物，抗球虫药，抗卡氏白细胞虫药	饮水：0.01%～0.02% 拌料：0.02%～0.04%	与上述相同。与拉沙菌素、莫能菌素、盐霉素等禁忌。不能与青霉素、B1等合用
痢菌净	又名：乙酰甲喹 抗菌药物	拌料：0.005%～0.01%	毒性大，务必拌匀。连用不能超过3天
吗啉胍	又名：病毒灵 抗病毒药物	饮水或拌料：0.01%～0.02%	活病毒疫苗接种前后 7d 内不得使用
利巴韦林	唑核苷、病毒唑	饮水 0.005%～0.01%	接种活苗前后 7d 禁用
金刚烷胺	抗流感药物	饮水：0.005%～0.01%	剂量过大会引起神经症状
制霉菌素	抗真菌药物	治曲霉菌病（1～2）万	
莫能菌素	又名：欲可胖、牧能菌素，抗球虫药	拌料：0.0095%～0.0125%	适口性变差以及引起啄毛。产蛋鸡禁用。肉鸡 3d 停药
盐霉素	又名：优素精、球虫粉、沙利霉素抗球虫药物	拌料：0.006%～0.007%	火鸡、珍珠鸡、鹌鹑以及产蛋鸡禁用。本品能引起鸡的饮水量增加，造成垫料潮湿
拉沙菌素	又名：球安 抗球虫药	拌料：0.0095%～0.0125%	引起水量增加，引起垫料潮湿。产蛋鸡禁用。肉鸡 5d
马杜霉素	又名：加福、抗球王抗球虫药物	拌料：0.0005%	拌料不匀或剂量过大引起鸡瘫痪。肉鸡宰前 5d
按丙啉	又名：安乐宝 抗球虫药物	饮水或拌料：0.0125%～0.025%	妨碍 B1 吸收，过量会引起轻度免疫抑制。肉鸡 10d
尼卡巴嗪	又名：球净、加更生，抗球虫药物	拌料：0.0125%	造成生长抑制，蛋壳变浅，受精率下降。肉鸡 4d
二硝托胺	又名：球痢灵 抗球虫药物	拌料：0.0125%～0.025%	0.0125%球菌灵与 0.005%洛克沙生联用有增效作用
氯苯胍	又名：罗本尼丁 抗球虫药物	拌料：0.003%～0.004%	可引起肉鸡和鸡蛋有异味，蛋鸡禁用，宰前 7d 停药

续表

药物名称	别名及主要用途	用法与用量	注意事项
氯羟吡啶	克球粉、克球多、康乐安、可爱丹	拌料：0.0125%～0.025%	产蛋鸡和鸭禁用。肉鸡和火鸡在宰前5d停药
地克珠利	杀球灵、伏球、球必清抗球虫药物	拌料或饮水：0.0001%	产蛋鸡禁用。肉鸡在宰前（7～10）d停药
妥曲珠利	百球清抗球虫药	拌料或饮水：0.0025%	蛋鸡禁用。肉鸡（7～10）d
常山酮	又名：速丹抗球虫药物	拌料：0.0002%～0.0003%	0.0003%速丹可使水禽（鹅鸭）中毒，因此水禽禁用
二甲硝咪唑	地美硝唑、达美素、抗滴虫、抗菌	拌料：0.02%～0.05%	蛋禽禁用。对水禽敏感，剂量大会引起神经症状
甲硝唑	又名：灭滴灵抗滴虫药物、抗菌药物	饮水：0.01%～0.05% 拌料：0.05%～0.1%	剂量过大会引起神经症状
左旋咪唑	驱线虫药	口服：24 mg/kg	
丙硫苯咪唑	阿苯达唑、蠕敏驱消化道蠕虫药	口服：鸡30 mg；鹅40 mg；鸭25 mg	
阿维菌素	驱线虫、节肢动物药物	拌料：0.3% mg/kg 皮下注：0.2 mg	
伊维菌素	驱线虫、节肢动物	拌料：0.3% mg/kg 皮下注：0.2 mg	
阿托品	有机磷中毒解救	肌注：（0.1～0.5）mg	剂量过大会引起中毒
维生素K3	球虫病辅助治疗	料0.0003%～0.0005%	长期应用对肾有一定损害
碳酸氢钠	磺胺药中毒解救药及减轻酸中毒	饮水：0.01% 拌料：0.1%～0.2%	炎热天慎用，会加重呼吸性碱中毒，大剂量引起肾肿大
氯化铵	祛痰药	饮水：0.05%～0.1%	
硫酸铜	抗曲霉菌药，抗毛滴虫药，醒抱药	曲霉菌、毛滴虫病治疗	中毒剂量1克/千克体重。对金属有腐蚀作用
碘化钾	抗曲霉菌、毛滴虫	饮水：0.5%～1%	

注：（1）给药时间要视家禽疾病的严重程度而定。
（2）毫克/千克体重或单位/千克体重：按每千克体重使用药物的毫克数或单位数。
（3）本文所有药物用量以有效成分计，如为含量不同的制剂，则按说明书使用或换算后使用。
（4）本文中所指经饮水投药的药物均为水溶性药物。

——摘自鸡病害防治手册2010版

表 5-8 药敏试验标准判断

抗菌药物	纸片含药量(ug/片)	抑菌圈直径 (mm)		
		低敏	中敏	高敏
四环素	30	≤14	15～18	≥19
红霉素	15	≤13	14～22	≥23
杆菌肽	10IU	≤8	9～12	≥13
氯霉素	30	≤12	13～17	≥18
多粘菌素	300IU	≤8	9～11	≥12
利复平	5	≤5	17～19	≥20
复方新诺明	23.75/1.25	≤10	11～15	≥16
呋喃唑酮	300	≤14	15～16	≥17
诺氟沙星	10	≤12	13～16	≥17
环丙沙星	5	≤15	16～20	≥21
恩诺沙星	5	≤14	15～17	≥20
氧氟沙星	5	≤12	13～15	≥16
左旋氧氟沙星	5	≤13	14～16	≥17
丁胺卡那霉素		≤14	15～16	≥17
卡那霉素	30	≤13	14～17	≥18
链霉素	10	≤11	12～14	≥15
新霉素	30	≤12	13～16	≥17
氨苄青霉素	10	≤13	14～16	≥17
磺胺类	300	≤12	13～16	≥17
庆大霉素	10			
呋吗唑酮	15			
泰乐菌素	15			
甲砜霉素	30			

——摘自鸡病害防治手册 2010 版

【职业能力拓展】

一、填空题

1. 禽病的主要病因包括以下几大类：＿＿＿＿＿、＿＿＿＿＿、＿＿＿＿＿、＿＿＿＿＿等。

2. 禽沙门氏菌病依病原抗原结构的不同可分为三类：即：＿＿＿＿＿，＿＿＿＿＿，和＿＿＿＿＿。

3. 禽流感是由＿＿＿＿＿型流感病毒引起的各种家禽和野鸟的传染性疾病。其中对养禽业危害最严重的是＿＿＿＿和＿＿＿＿＿亚型。

4. 鸡艾美尔球虫病共有＿＿＿＿＿种，其中对鸡致病性最强的有＿＿＿＿＿。

5. 黄曲霉毒素慢性中毒可诱发家禽产生的典型病变是＿＿＿＿＿。

6. 维生素 B_1 缺乏病的特征表现是＿＿＿＿＿，维生素 K 缺乏病是以鸡血液凝固障碍，＿＿＿＿＿为特征的营养缺乏疾病。

7. 组织滴虫的中间宿主是＿＿＿＿＿。

二、判断题

1. 禽流感病毒的自然宿主是鸭，鸭本身并不发病，但可由鸭传播给鸡。（　）

2. 马立克氏病分为三个血清型，Ⅰ型为强毒致瘤型，Ⅱ型为中等毒力毒株，Ⅲ型为无致病力的自然分离株。（　）

3. 禽念珠菌病主要是以感染禽呼吸道黏膜发生白色假膜和溃疡病变为特征的一种真菌性疾病。（　）

4. 传染性法氏囊病是一种发病率高，但并会引起免疫抑制的传染病。（　）

5. 鸡病毒性关节炎的病原体是腺病毒科的成员。（　）

6. 在安全剂量下长期使用喹乙醇也会发生药物中毒。（　）

7. 只要坚持使用全价饲料和认真贯彻好免疫程序，养殖户的鸡就不会发生疾病。（　）

8. 患过传染性支气管炎的雏鸡在治愈或耐过后不可继续留为种用。（　）

9. 禽流感是严重危害养禽业的一类烈性传染病，一旦发生禽流感，应立即隔离、封锁疫区，并对禽群全部扑杀。（　）

10. 大肠杆菌病可通过空气传播及污染的饲料和饮水等从消化道传播，

也会垂直传播。（   ）

三、选择题

1. 禽大肠杆菌病的主要特征不包括以下哪种：_____

A．纤维素性肠炎　　　　　　B．纤维素性肝周炎

C．纤维素性气囊炎　　　　　D．纤维素性心包炎

2. 关于球虫药物使用，可以采取的方案有：_____

①轮换用药；②长效用药；③穿梭用药；④联合用药；⑤限制用药。

A.①②　　　　　　　　　　B．②③④

C.①③④　　　　　　　　　D．①②③④⑤

3. 家禽维生素 A 缺乏时，下述说法不正确的是：_____

A．口腔、咽、食道和嗉囊黏膜上有白色小结节

B．生长发育不良

C．在饲料中添加鱼肝油会加重病情

D．会发生视觉障碍

4. 磺胺药物中毒时，下述说法不正确的是::_____

A.可导致肾脏肿胀、尿酸盐沉积

B．皮肤、肌肉、内脏多器官出血

C．肝脏萎缩、苍白

D．骨髓变为淡红色

5. 下列疾病中，主要不是发生于1月龄左右雏鸡的是：_____

A．传染性法氏囊病　　　　　B．传染性支气管炎

C．传染性脑脊髓炎　　　　　D．传染性鼻炎

6. 柔嫩艾美尔球虫寄生的部位主要是：_____

A．小肠前段　　　　　　　　B．十二指肠

C．盲肠　　　　　　　　　　D．小肠中段

7. 下列疾病中，主要发生于1月龄左右雏鸡的是：_____

A．传染性法氏囊病　　　　　B．马立克氏病

C．鸭瘟　　　　　　　　　　D．传染性喉气管炎

8. 鸡群接种疫苗的原则是：_____

A．尽可能接种所有的疫苗。

B． 发什么病，接种什么疫苗。

C. 一般不使用疫苗，用药物和蛋黄液等预防控制疾病。

D. 根据当地疫情，制定合理的免疫程序，选用优质的疫苗。

9. 下列关于新城疫疾病的介绍，哪条是错误_____

A. 被 OIE 定为 A 类烈性传染病

B. 病原属于副粘病毒科

C. 该病可经蛋垂直传播

D. 病变以消化道为主

10. 健康鸡食入鸡球虫的_____后可以引起球虫病。

A. 卵囊　　　　　　　　B. 孢子化卵囊

C. 子孢子　　　　　　　D. 裂殖子

四、简答论述题

1. 请列举旧院黑鸡养殖场疾病综合防治措施。

2. 啄癖的主要原因有哪些？如何防治？

第二篇

旧院黑鸡生产综合实训

【实训课程简介】

家禽生产学是畜牧兽医专业重要的专业课程之一，为畜牧兽医专业的必修课程。家禽生产实训课程的主要任务是使学生掌握养禽学的基本概念、基本原理、基本方法和基本技能，重点掌握蛋品测定、家禽的人工授精技术、胚胎发育的检查、屠宰测定，为学生能进行本学科的科学研究及从事家禽生产行业生产和管理打下坚实的基础。

【教学目的与基本要求】

（一）教学目的：帮助学生理解家禽生产基本规律，使学生基本掌握从事本学科科学研究的方法和从事家禽生产的基本技能。

（二）基本要求：通过实验使学生能识别和鉴定家禽的品种品系、性别的主要特征；熟识和初步掌握蛋的品质测定方法、初生雏禽雌雄鉴别技术、家禽肉品质测定方法、家禽精液采集和输精基本技术测定方法；要求学生认真实验，在实验完成后每人写实验报告。

【实训项目】

实训一 鸡外貌部位的识别

实训目的：通过实验要求掌握下列基本知识和操作技术
1. 抓鸡和保定鸡的方法；
2. 鸡外貌部位识别；
3. 鸡羽毛的名称（尤其是翼羽）；
4. 鸡体尺的测定。

材料和用具：成年旧院公鸡1只，病鸡1；鸡骨骼标本；鸡外貌部位名称图；鸡冠型、翼羽图谱或幻灯片。

内容和方法

（一）抓鸡和保定鸡

（二）鸡外貌部位识别

按鸡体各部位，从头、颈、肩、翼、背、腰（鞍）、臀、胸、腹、腿、胫、趾和爪等部位仔细观察，并熟悉各部位名称。

1. 头部。

头部的形态及发育程度能反映品种、性别、生产力高低和体质情况。

（1）冠：豆冠；（2）喙；（3）脸；（4）眼；（5）耳叶；（6）肉垂；（7）胡须。

2. 颈部。

3. 体躯。

4. 四肢。

除认识各部位名称外，主要是分辨健康鸡或病弱鸡以及品种缺点或失格。

附表1 健康鸡与病鸡区别以及品种缺点或失格

观察项目	健康鸡	病弱鸡、品种缺点或失格
喙	鲜红、湿润、丰	交叉喙、畸形喙
冠、肉垂	满、温暖、无病灶	苍白、萎缩、干燥、冰凉、紫色、有病灶，不符合本品种的冠形或畸形冠

续附表

观察项目	健康鸡	病弱鸡、品种缺点或失格
眼	眼大有神	小而无神,常紧闭
脸部	红润、无病灶	苍白、有病灶
胸	胸骨硬而直立	胸骨脆弱,呈S形弯曲;有病灶**
翼	紧贴身躯	翼下垂或折断或烂翅,主副翼羽扭曲
尾部	尾直立	尾下垂,畸形尾如缺副尾羽、主尾羽、歪尾
颈与脚	正常	大跖骨粗大.踝关节肿大;有病灶**,跛脚,"鹰爪"两腿O型或X型;鸭形脚(有酌);公鸡无距;四趾品种多于四趾,五趾品种少于五趾
体重	符合本品种	轻,标准体重以下
色泽	羽毛有光泽	羽毛污乱,无光泽。皮肤、喙、耳叶和胫的色泽不符合本品种要求,黑羽品种出现红、黄羽,白羽品种出现其他羽色

注:*有鸡痘、葡萄球菌病或有肿瘤,流鼻涕;眼流泪,有干酪样物等;
　　**胸囊肿,脚趾瘤、烂趾。

（三）羽毛名称及结构识别

1. 鸡羽毛种类的识别：正羽、绒羽和纤维羽（又称毛羽）。

2. 认识禽体各部位羽毛的名称。

3. 翼羽各部位名称：

（1）在自别雌雄品系中，可根据初生鸡的主翼羽与覆主翼羽的相对生长长度，分辨公母；

（2）根据主翼羽换羽时间及换羽速度，大致了解生产性能；

（3）翼膜（臂骨与桡骨之间的三角区）是带翅号或刺种鸡痘的地方；

（4）作翼静脉采血化验或白痢检疫。

（四）鸡体尺的测定

1. 体斜长：用皮尺测量锁骨前上关节到坐骨结节间的距离。

2. 胸宽：用卡尺测量两肩关节间距离。

3. 胸深：用卡尺量度第一胸锥至胸骨前缘间的距离。

4. 胸骨长：用皮尺度量胸骨前后两端间距离。

5. 跖长：采用测量胫的长度的方法，用卡尺度量骨上关节到第三趾与第四趾间的垂直距离。

6. 胸角。将鸡仰卧在桌案上,用胸角器两脚放在胸骨前端,即可读出所显示的角度。

取得体尺和体重的数据后,可根据这些数据,计算鸡的体型指数。

附表 2　鸡体尺表（厘米）

禽号	种类	品种	性别	活重/kg	体长（斜的）	胸深	胸宽	胸围	胸骨长	髋宽	胫长

结果整理：

1. 熟悉鸡体躯部位,要特别注意其特有的部位。

2. 观察公母鸡各部羽毛的构造,并用简图画下来;最后数一数主翼羽的根数。

3. 测量若干只不同种类性别、年龄的鸡体尺,将结果登记在鸡体尺表中。

4. 计算已测量的鸡体型指数,将结果登记在鸡体型指数表中。并比较一个品种但不同性别,或同一性别但不同品种的鸡体型指数的差别。

实训二 鸡的外貌选择法

实训目的：通过实训，使学生熟悉鸡与生产性能有关的外貌特征及其各部位名称，并能通过鸡体形外貌来选择鸡。

材料用具：

材料：不同周龄及不同生产性能的鸡；鸡外貌部位名称挂图或相关课件等。

实训内容：鸡的外貌选择（详见挂图和课件）。

实训报告：根据鸡的外貌特征，如何选择种用鸡？

实训三　蛋的构造和品质鉴定

目的要求：通过实习了解禽蛋在形态结构上的基本概念，品质鉴定的方法，种蛋应具备的各种条件。

实验材料：生鸡蛋、熟鸡蛋、照蛋器、蛋称、粗天平、液体比重针、游标卡尺、放大镜、培养皿、玻璃缸、小剪刀、小镊子、吸管、高锰酸钾、食盐、蛋白高度测定仪、蛋壳强度测定仪、蛋壳厚度测定仪、游标卡尺等。

内容和方法：

（一）蛋的构造

1. 壳上膜（胶护膜）。
2. 蛋壳。
3. 蛋壳膜。
4. 蛋白。
5. 系带。
6. 蛋黄。

（二）蛋的品质测定

1. 称蛋重：用蛋称或粗天平将鸡蛋逐个称重，称得的数据分别写在蛋的小头上。

2. 蛋壳颜色用光电反射式色度仪测定，颜色越深，反射测定值越小，反之则越大。用该仪器在蛋的大头、中间和小头分别测定，求其平均值。

3. 测量蛋形指数：蛋型由蛋的长轴和短轴的比例即蛋型指数决定，测定工具是游标卡尺。蛋形指数通常是长径/短径的比值，但也有短径/长径的比值来表示的。正常形鸡蛋的蛋形指数为 1.32～1.39，1.35 为标准形。

4. 蛋的比重测定：蛋的比重即反映蛋的新鲜度，也与蛋壳厚度有关。测定方法是在每三公升水中加入不同数量的食盐，配制成不同比重的溶液，用比重计校正后分盛于玻璃缸内。每溶液的比重依次相差 0.005，详见下表：

附表 3　不同溶液的比重差

溶液比重	加入食盐量（g）	溶液比重	加入食盐量（g）
1.060	276	1.085	396
1.065	300	1.090	420

续附表

溶液比重	加入食盐量（g）	溶液比重	加入食盐量（g）
1.070	324	1.095	444
1.075	248	1.100	468
1.080	372		

5. 测定蛋白高度和哈氏单位：用蛋白高度测定仪测定新鲜蛋（产出当天或于第二天午前）和陈旧蛋各（1~2）枚，先称蛋重，然后破壳倾在蛋白高度测定仪玻璃板上，测定浓蛋白的高度，取蛋黄边缘与浓蛋白边缘之中点，测量三个点的蛋白高度平均值，注意避开系带，单位以毫米计。

根据蛋重和蛋白高度两项数据，用下列公式计算机哈氏单位值。

计算公式：

$$HU = 100 \log(H - 1.7W0.73 + 7.6)$$

式中　H——蛋白高度（mm）；

　　　W——蛋重（g）；

　　　HU——哈氏单位。

6. 蛋壳强度：蛋壳强度是指蛋对碰撞或挤压的承受能力（单位为 kg/cm^2）是蛋壳致密坚固性的重要指标。方法是用蛋壳强度仪进行测定。

7. 蛋壳厚度：指蛋壳的致密度。用蛋壳厚度测量仪在蛋壳的大头、中间、小头分别取样测量。

8. 蛋黄颜色：比较蛋黄色泽的深浅度。

9. 血斑与肉斑：卵子排卵时，卵巢小血管破裂的血滴或输卵管上皮脱落物形成的。

（三）蛋的照检

用照蛋器检视蛋的构造和内部品质，可检视气室大小，蛋壳质地，蛋黄颜色深浅和系带的完整与否等。刚产出（1~2）d 的新鲜蛋，气室直径仅为（3~4）mm，照检时要注意观察蛋壳组织及其致密程度，也要判断系带是否完整，蛋黄的阴影由于旋转鸡蛋而改变位置，但又能很快回到原来位置；如系带断裂，蛋黄则在蛋壳下面晃动不停。观察蛋内是否有蛋黄以外的阴影，可能属于血蛋、肉斑蛋或坏蛋。

实验报告：

1. 分别统计蛋形指数，蛋壳的颜色、厚度和蛋的比重，并求其平均值。
2. 按禽蛋构造的挂图，绘出蛋的纵剖面图，并注明各部名称。

实训四　种蛋的选择、消毒和保存

实训目的：掌握种蛋的选择标准和方法；能正确地进行种蛋的消毒和保存工作。

材料用具：

1. 场地：鸡场的孵化室。

2. 材料：合格与不合格种蛋（包括裂壳蛋、薄壳蛋、双黄蛋、异状蛋）若干和种蛋消毒药品等。

3. 用具：种蛋消毒间（柜）、孵化机、蛋托和照蛋器等。

实训内容：

1. 种蛋的选择。

2. 种蛋的消毒。

3. 种蛋的保存。

实训报告：怎样正确地进行种蛋的选择、消毒和保存？

实训五 鸡的孵化技术

实训目的：通过实训使学生能独立使用孵化机，并学会调试和检修孵化机；熟练掌握机器孵化的操作程序、操作要领和注意事项等。

材料用具：

1．场地：养禽场的孵化室。

2．材料：消毒药品和孵化记录表格等。

3．用具：孵化机、出雏机、出雏盘、照蛋器、检修工具和消毒器具等。

实训内容：

1．开机前的准备与调试。

2．机器孵化的操作程序。

3．孵化机的检修。

实训报告：根据孵化的操作程序、操作要领及注意事项等内容写出实训报告

实训六　鸡胚胎发育观察

目的要求：熟悉孵化的生物学检查方法和识别鸡的若干胚龄胚胎发育的主要特征。

材料和用具：孵化 5、10、17、18 和 19 胚龄发育正常的胚蛋和无精蛋、死胚蛋、弱胚蛋、死胚蛋的实物和幻灯片；照蛋灯、镊子、培养皿、手术剪刀、放大镜、生物显微镜。

内容和方法：

（一）孵化的生物学检查

1．照蛋。用照蛋灯透视胚胎发育情况。

（1）照蛋时间及胚胎发育特征；

（2）发育正常的活胚蛋和各种异常胚蛋的辨别。

2．出雏期间的观察。

3．死雏和死胚蛋外观及病理解剖。

附表4　照蛋时发育正常胚蛋与各种异常胚蛋的辨别（鸡胚）

类型	头照 （5胚龄）	抽验 (10~10.5胚龄)	17胚龄	18胚龄	二照 （19胚龄）
发育正常的活胚	"黑眼"，血管呈放射状，蛋黄暗红	尿囊绒毛膜在蛋的小头"合拢"	蛋小头看不到发亮部分，称"封门"	气室倾斜，称"斜口"	气室有黑影闪动，称"闪毛"
弱胚	胚小，血管纤细，蛋色浅红	因未"合拢"，胚蛋小头淡白	蛋小头发亮，未"封门"	气室小，未倾斜，蛋小头淡白	气室小且边缘不平齐，有较多血管；蛋小头淡白
死胚或死胎	黑色血环、血线，黑色死胚贴壳；蛋黄沉敷，蛋色浅白	死胚体小，且多贴内壳；蛋小头发壳，未"合拢"	胚死不动，气室未见鲜红血管；蛋小头发亮，未"封门"	气室小，不倾斜，边缘模糊	气室小，不斜，边缘模糊；未见"闪毛"，无胎动，蛋身发凉
无精蛋	蛋色浅黄发亮，看不到血管或胚胎，蛋黄影子隐约可见；头照不散黄，尔后黄散				
破蛋 腐败蛋	有树枝状裂纹或有破洞，有时气室跑到一边 蛋色褐紫，有异臭味；有的蛋壳破裂，表面有很多点状的黄褐色渗出物				

（1）外表观察：死雏主要观察绒毛长短、脐部愈合状况和卵黄囊吸收情况以及头部和腿部有无残疾或畸形；死胎蛋主要观察是否已啄壳、啄壳部位、洞口的形状和有无黏液或血迹等。

（2）照蛋透视：检查气室位置、大小和形态以及气室边缘血管情况；胚蛋锐端的尿囊绒毛膜"合拢"情况或蛋白吸收状况（"封门"状况），以及"斜口"和"闪毛"状态。

（3）病理剖检：用镊子轻轻敲破气室的蛋壳并撕去内壳膜，然后按下列步骤进行观察：

① 观察胎儿是活还是已经死亡；

② 观察尿囊绒毛膜和羊膜的状态（包括有无出血现象）；

③ 将胚蛋内容物倒入平皿中，观察卵黄囊血管是否充血、出血及吸入腹腔状况；是否有蛋白，胎位状态；

④ 取出胎儿用生理盐水冲洗干净，根据胎儿大小及外表发育特征，初步判断胚胎死亡的胚龄；

⑤ 继续观察雏鸡脑部、颈部和皮肤，有无水肿、充血或溢血现象；有无眼疾、脚疾、胎位是否正常等，并结合下面的体腔剖检内部脏器的病理变化，判断死亡原因；

⑥ 用手术剪刀剖开死雏或死亡胎儿的体腔，观察肠、胃、心脏、肝脏、肺脏和肾脏以及卵黄囊、尿囊绒毛膜等有何病理变化，如充血、出血、水肿、肥大、变性或畸形，判定死亡原因。

（二）胚胎发育的观察

1. 胚蛋外部观察。

2. 照蛋透视。

3. 胚蛋剖检。

（1）胚胎外部观察。用镊子轻轻敲破胚蛋钝端并剥去蛋壳，小心撕开内壳膜，直接观察卵黄囊或尿囊绒毛膜。再剥去部分蛋壳后将胚胎及其内容物轻倒入平皿中，观察卵黄囊和尿囊（或尿囊绒毛膜）发育状况：胚胎形态，皮肤表面是否有羽毛乳头突起或绒毛发育部位；喙、冠、肉垂、口、鼻和四肢发育形态；胸腔或腹腔愈合情况，等等。

（2）胚胎剖检。取出胚胎用生理盐水洗净，用手术刀剪开胸腹腔，观察内脏器官的发育情况。

实训报告：

1. 统计分析种蛋不同时期孵化的结果（无精蛋、死胚蛋、健胚蛋、弱胚蛋、受精率、孵化率）。

2. 计算不同日龄胚胎的体重、蛋黄、蛋清的湿重与干重。

实训七　初生雏禽的分级与雌雄鉴别

实训目的：通过实训使学生掌握初生雏禽的分级；学会用翻肛法、快慢羽鉴别法、羽色鉴别法鉴别初生雏鸡的雌雄；用触摸法鉴别雏鸭、鹅的雌雄。

材料用具：

1. 材料：初生雏鸡（羽速自别、羽色自别初生雏鸡及出壳 12 h 以内的其他雏鸡）和初生雏鸭、鹅各若干。
2. 用具：纸箱、操作台和鉴别灯（60 W 乳白色灯泡）等。

实训内容：

1. 初生雏禽的分级。
2. 初生雏鸡的雌雄鉴别。
3. 初生雏鸭、鹅的雌雄鉴别。

实训报告：用翻肛法怎样鉴别初生雏鸡的雌雄？

实训八　鸡的人工授精

实训目的：熟练掌握公鸡的采精技术，正确判断精液的品质，掌握保存精液的方法及准确有效的输精技术等，以求在生产实践中能灵活运用。

材料用具：

1. 材料：性成熟的公鸡若干；经产母鸡若干。
2. 用具：生理盐水、刻度集精杯、保温杯、消毒盒、温度表、显微镜、输精枪、电炉、毛巾、脸盆和试管刷等。

实训内容：

1. 公鸡的训练与采精。
2. 鸡精液品质的检查。
3. 鸡精液的保存。
4. 输精。

实训报告：结合实际操作，根据人工授精的操作要点和注意事项，写出实习报告。

实训九 鸡的屠宰测定和体内器官的观察

实训目的：学习鸡的屠宰方法和步骤，掌握屠宰率测定及计算方法；了解鸡体内各器官的相互关系和解剖结构。

材料和用具：

公、母鸡若干只、解剖刀、手术剪、镊子、解剖台、台秤、电子秤、温度计、瓷盘、骨剪、胸角器、游标卡尺、皮尺、粗天平、吊鸡架、承血盆。

内容和方法：

1．鸡的屠宰测定：

（1）宰前的准备。

（2）放血。

（3）拔毛。

（4）屠体外观检查。

（5）基本测量：

① 胸角宽。

② 皮下脂肪厚。

③ 肌间脂肪宽。

（6）分割、去内脏。

（7）屠宰测定项目。

① 活重，指在屠宰前停饲 12 h 后的重量。

② 放血重，禽体放血后的重量。

③ 屠体重，禽体放血、拔毛后的重量（湿拔法需沥干）。

④ 胸肌重，将屠体胸肌剥离下的重量。

⑤ 腿肌重，将禽体腿部去皮、去骨的肌肉重量。

⑥ 半净膛重、屠体重，去气管、食管、嗉囊、肠、脾脏、胰腺和生殖器官，留下心脏、肝脏（去胆）、肺脏、肾脏、腺胃、肌胃（去除内容物及角质膜）和腹脂的重量。

⑦ 全净膛重、半净膛重，去心脏、肝脏、腺胃、肌胃、腹脂及头、颈、脚，留肺脏、肾脏的重量。

⑧ 腹肌重，包括腹脂（板油）及肌胃外脂肪。

⑨ 翅膀重，从肩关节切下翅膀称重。将翅分割为三节：翅尖（腕关节至翅前端）、翅中（腕关节与肘关节之间）和翅根（肘关节与肩关节之间）。

⑩ 根据实验要求有时要称脚重、肝脏重、心脏重、肌胃垂、头重等。

（8）计算项目：

① 屠宰率 = 屠体重/活重 × 100%。

② 半净膛率 = 半净膛重/活重 × 100%。

③ 全净膛率 = 全净膛重/活重 × 100%。

④ 胸肌率 = 胸肌重/全净膛重 × 100%。

⑤ 腿肌率 = 腿肌重/全净膛重 × 100%。

⑥ 腹脂率 =（腹脂重+肌胃外脂肪重）/全净膛重 × 100%。

⑦ 瘦肉率 =（胸肌重+腿肌重）/全净膛重（或胴体重）× 100%（鸭）。

2. 泌尿生殖系统和消化系统的观察。

（1）准备。

① 屠宰方法、屠体外观检查，同前述。

② 切开胸侧壁与大腿间的皮肤，用力掰开髋关节，让其脱臼，这样屠体可稳定地呈仰卧姿势。

③ 在胸剑突下方横切一刀，切口伸向腹部两侧；再从切口下缘沿腹部中线纵向切开腹腔，露出腹腔脏器。

④ 从腹壁两侧，沿椎骨肋与胸骨肋结合的关节处，纵向向前剪开至肩关节处，再用骨剪剪断锁骨和乌喙骨，稍用力向上掀开整个胸壁，露出胸腔脏器。

（2）观察。先总体观察胸腔、腹腔各脏器位置，并观察气囊。

① 生殖系统。

② 消化系统。

③ 泌尿系统。

④ 其他脏器，心脏、肺脏、脾脏、法氏囊、胸腺、坐骨神经和卵黄柄等。

实训报告：

每小组屠宰（1~2）只鸡，要求屠体放血完全、无伤痕，并按屠宰测定顺序将结果填入测定表。要求数据准确、完整。另对鸡体各内脏器官进行认真辨认。

附表 5　肉鸡屠宰测定记录

测定周龄：　　　　　　测定人：

品种	编号	性别	活重（g）	血重（g）	毛重（g）	屠体	胸角宽	半净膛		全净膛	
								g	%	g	%

测定时间：

头颈重（g）	脚重（g）	翅重（g）	腿肌		胸肌		腹脂		心、肝、肌胃重（g）	皮下脂肪（g）	备注
			g	%	g	%	g	%			

实训十 鸡的免疫接种

目的要求：
1. 掌握弱毒苗的稀释方法。
2. 掌握点眼、滴鼻、注射、刺种和饮水等免疫接种的操作方法。

材料用具：
1. 材料：新城疫Ⅰ系苗、Ⅳ系苗、油乳剂苗、鸡痘苗、灭菌蒸馏水、灭菌生理盐水、脱脂奶粉以及待免疫鸡若干。
2. 用具：灭菌注射器、连续注射器、针头、滴瓶或滴管（每滴约为 0.03 mL）水桶、塑料饮水盆、喷雾枪或农用喷雾器（雾粒直径（20～40）um）、气雾枪等。

实训内容：
1. 疫苗的外观检查。
2. 弱毒苗的稀释。
3. 鸡的免疫接种操作。

实训报告： 饮水免疫和气雾免疫应注意什么问题？由学生亲自操作，根据学生操作的正确性和熟练程度来评定成绩。

实训十一 鸡尸体剖检技术

目的要求： 掌握鸡尸体剖检的基本方法，能正确地进行鸡尸体剖检操作。

材料用具：

1. 材料：病死鸡、75%酒精、2%碘酊、3%来苏儿或1%石炭酸等消毒药。
2. 用具：剪子、镊子、骨剪、手术刀、标本缸、广口瓶、福尔马林、工作服、胶靴、围裙、橡胶手套、肥皂、毛巾、水桶、脸盆、解剖盘等。

实训内容：

1. 剖检前的准备。
2. 外部检查。
3. 病禽剖检。

实训报告： 记录剖检操作过程及各组织器官的病理变化，写出尸体剖检报告。

实训十二　禽流感的实验室诊断

目的要求：

1. 掌握禽流感血凝（HA）和血凝抑制（HI）试验的操作方法和结果判定。

2. 掌握禽流感试验的琼脂凝胶免疫扩散（AGP）试验的操作方法和结果判定。

材料用具：

1. 高致病性禽流感病毒血凝素分型抗原和标准分型血清以及阴性血清、96孔V型微量板、微量移液器（配有滴头）、阿氏液、1%鸡红细胞悬液、pH7.2的0.01 mol/L磷酸盐缓冲液（PBS）。

2. 禽流感琼脂凝胶免疫扩散抗原、标准阴性和阳性血清、硫酸汞溶液、pH7.2的0.01 mol/L PBS溶液，（配制方法见附录B）、琼脂板。

3. 被检鸡血清。

实训内容：

1. 禽流感血凝（HA）和血凝抑制（HI）试验。

2. 禽流感试验的琼脂凝胶免疫扩散（AGP）试验。

实训报告： 记录禽流感血凝试验、血凝抑制试验及琼脂扩散试验的操作方法和实验结果，写出诊断报告。

实训十三　鸡白痢血清学的检疫

目的要求： 掌握鸡白痢血清学检疫方法及其判定标准。

材料用具：

1. 材料：生理盐水、70%酒精、来苏儿、鸡白痢阳性血清和阴性血清、鸡白痢全血干板凝集抗原和血清凝集抗原、被检鸡。

2. 用具：清洁玻璃板、玻璃铅笔、接种环（环直径 4.5 mm）、针头、橡胶乳头滴管（尖端每滴约 0.5 mL）、酒精灯、吸管（5 mL）、小试管等。

实训内容：

1. 鸡白痢全血平板凝集试验。
2. 鸡白痢血清试管凝集试验。
3. 鸡白痢血清平板凝集试验。

实训报告： 写出一份对 1 000 只成鸡进行鸡白痢检疫的计划书，内容包括检疫方法、材料准备、方法步骤、结果判定及检疫中可能出现的问题及解决办法。

实训十四　大肠杆菌药敏试验（选作）

目的要求：学会用细菌药敏试验（纸片法）筛选大肠杆菌病的敏感药物。

材料用具：

1. 材料：大肠杆药敏试验菌（经分离和鉴定的纯培养菌株）、营养肉汤、普通琼脂平板、药敏纸片（市场购买或自制）。

2. 用具：灭菌试管、接种环、灭菌棉拭子、镊子、酒精灯、直尺和恒温箱等。

实训内容：鸡大肠杆菌病药敏试验。

实训报告：根据大肠杆菌药敏试验结果选择敏感药物，并提出治疗方案。

实训十五　鸡寄生虫病的诊断

目的要求：掌握禽类寄生虫卵囊的形态特点。

材料用具：

1. 材料：各种寄生虫卵囊涂片、球虫病的鸡粪或病死鸡。
2. 用具：显微镜。

实训内容：

1. 寄生虫的形态观察。
2. 寄生虫病的诊断。

实训报告：根据实训的实际情况，写出球虫病的诊断报告。

参考文献

[1] 杨宁. 家禽生产学[M]. 北京：中国农业出版社，2001.

[2] 邱祥聘，杨山，曾凡同. 家禽生产[M]. 北京：科学技术文献出版社，1987.

[3] 佟建明. 实用饲料检验手册[M]. 北京：中国农业大学出版社，2001.

[4] 王三立. 家禽生产[M]. 重庆：重庆大学出版社，2011.

[5] 史延平. 家禽生产技术[M]. 北京：化学化工出版社，2009.

[6] 塞弗（美）著. 禽病学[M]. 苏敬良，高福等译. 北京：中国农业出版社，2005.

[7] 甘孟侯. 中国禽病学[M]. 北京：中国农业出版社，2003.